덕윤리 대가 황경식 박사의

내 아이를 위한

인성수업

덕윤리 대가 황경식 박사의
내 아이를 위한 인성수업

초판 1쇄 발행일 2021년 6월 19일

지은이 황경식
펴낸이 박희연
대표 박창흠

펴낸곳 트로이목마
출판신고 2015년 6월 29일 제315-2015-000044호
주소 서울시 강서구 양천로 344, B동 449호(마곡동, 대방디엠시티 1차)
전화번호 070-8724-0701
팩스번호 02-6005-9488
이메일 trojanhorsebook@gmail.com
페이스북 https://www.facebook.com/trojanhorsebook
네이버포스트 http://post.naver.com/spacy24
인쇄 · 제작 ㈜미래상상

ISBN 979-11-87440-79-6 (13590)

덕윤리 대가 황경식 박사의

내 아이를 위한
인성수업

황경식(서울대 철학과 명예교수) 지음

트로이목마

왜 인성교육이 중요한가!

• 인성교육에 주목하는 이유

예로부터 좋은 인재를 만나는 것이 얼마나 어려운 일인지, 그리고 그 인연이 얼마나 소중한지는 중국 고사의 강태공 일화에서 잘 드러납니다. 주나라 문왕이 사냥을 나갔다가 위수에서, 미끼가 없는 빈 낚시로 귀한 분을 기다리며 세월을 낚던 강태공을 만났는데, 그가 예사롭지 않음을 알아보고 나중에는 '태공망'이라 칭하며 국사로 모시게 되지요. 강태공이 침착하게 인연을 기다리고 있었다지만, 진정한 인재를 꿰뚫어 보는 눈을 지닌 문왕이 아니었다면 그 이후 80년에 빛나는 강태공이 존재할 수 있었을까요?

오늘날에는 진정한 인재를 보기도 드물 뿐 아니라 그들을 알아보는 눈을 가지기도 쉽지 않은 것을 실감하게 됩니다.

"먼 길을 가 봐야 명마(名馬)인지 알 수 있고, 세월이 지나 봐야 인재를 알아볼 수 있다."는 속담도 있지요. 다행히 유능한 인재로 클 자질을 지닌, 될성부른 떡잎을 알아본다고 하더라도 그를 키우고 길러내는 데에 적잖은 시간이 걸릴 것입니다. 그 힘겨운 과정을 거치면서도 바르고 믿음직한 인재상이 무엇인지 잊거나 놓치면 안 되고, 좋은 책, 훌륭한 스승, 건실한 교육 환경으로 인재를 교육하는 데에 열과 성을 다해야 할 것입니다.

우리나라는 1980~90년대, 세계 역사에 유례가 없는 압축성장의 신화를 기록하며 놀라운 경제발전을 이룩했습니다. 그러나 이후 성장 곡선은 주춤하기 시작했고, 10년 이상 선진국 문턱에서 머뭇거리고 있습니다. 특히 현재 20대, 30대 젊은이들의 일자리 부족 현상은 심각합니다. 옆에서 보기조차 더욱 힘겨운 상황으로, 대학 교육을 제대로 마치기도 전에 이미 학자금 대출로 채무자가 되어 있는 젊은이들이 수두룩하고, 이를 해결하기 위해서 그리고 경쟁에서 살아남기 위해서 각종 스펙 쌓기에 몰두하고 있는 것입니다.

각박한 상황이 우리 젊은 세대를 이렇게 몰아가고 있습니다만, 다양한 스펙을 죽어라 쌓고 취업용 지식만을 갈고닦는 것으로 과연 충분할까요? 세상에 이바지할 훌륭한 일꾼으로 성장하는 길은 어디에 있을까요?

우리는 '재승박덕(才勝博德)'이라는 말을 익히 들어서 알고 있습

니다. 재주는 탁월하나, 덕이 부족한 인재를 이르는 사자성어인데
요, 혹시 현대를 살아가는 우리가 다음 세대를 이끌어야 할 아이들
을 이러한 재승박덕의 인재로 키우고 있는 것은 아닌지 되돌아봐
야겠습니다. 아마 염려되는 바가 적지 않으리라 생각됩니다.

　인재를 가려내고 평가하기 이전에 자라나는 아이들이 어떤 인생
을 준비하고 있는지, 어느 방향으로 나아가고 있는지 물어볼 필요
가 있겠습니다. 기성세대들이 찾고 기대하는 인재상을 넘어, 짧은
한 세상 그들 스스로 보람 있고, 의미를 새길 수 있는 인생으로 꾸
려나가며 행복하기를 바라는 까닭입니다. 그래서 이 문제는 더욱
중대하고, 심각하게 다가오는 것이지요.

　이 대목에서 서울대를 비롯한 소위 명문대 학생들을 대상으로
한 설문조사의 결과는 주목할 만합니다. 중고등학교 때 품었던 꿈
이었고, 어린 시절을 모두 바쳐 준비하고 기다리던 명문대 학생이
되었음에도, 그들 중 3분의 2 정도의 학생들이 우울증으로 고통을
받고 있다니 놀랍지 않습니까? 이런 무시무시한 결과에 놀라 되물
어보았다고 합니다. 그랬더니 더욱 놀라운 답변들이 우리를 기다
립니다. 자기는 지금 자신이 가장 바라고, 잘하는 분야를 공부하고
있는 것이 아니라고, 부모님들이 자기에게 기대하고 원했던 학과
에 다니고 있다는 것이었습니다. 그런 까닭에 마음이 편치도 않고,
행복하지도 않다는 것입니다.

　법조인이 되고 싶었던 부모의 꿈, 의사가 되고 싶었지만 이루지

못했던 그들의 소망을 대신해서 법대와 의대를 다니고 있다는 것이지요. '인생의 주인은 바로 나'라는 말은 너무나 많이 들어서 이미 식상한 표현이 되었지만, 과연 현실은 어떤가요? 부모도 역시 '나' 자신이 아니기 때문에 '남'이 하라는 대로 선택했으니 거기에는 어떤 성취감이나 충족감도 남지 않았을 것입니다. 이런 강압적인 선택에 뿌듯한 만족감이나 자아실현이 성취될 리 없지요.

그렇습니다! 부모의 인생과 자식의 인생은 각자의 것입니다. 그래서 내 인생의 행로를 헤쳐나갈 키는 내가 쥐고 움직여야 합니다. 방향도 내가 스스로 선택하고, 그 방향성에 대한 결과도 내가 책임져야 합니다. 그러한 독립적인 삶이라면 좋은 일이 생겼을 때는 물론이고, 설사 안 좋은 일이 벌어진다 하더라도 이에 독특한 성취감이 있어서 만족스럽고, 충만한 느낌이 들 수 있는 것입니다. 남의 소망을 대행하여 성취해주는 대리인으로 사는 인생에 어떤 재미와 의미가 있겠습니까. 그저 따분하고 무기력할 뿐이지요.

• 세월호 이후의 인성교육

이제 세월호 사건은 너무나 오랫동안, 자주 언급했기에 이제는 무뎌진 이야기가 되었을 수도 있겠습니다. 그러나, 똑 닮은 '대한민국호'라는 커다란 배의 안전은 꼭 짚고 넘어가야 할 것 같습니다. 세월호에서 승객들을 다 버리고 도망쳤던 선장의 처량한 모습은 어떤 측면에서는 나의 분신이라도 되는 것 같은 죄책감에 시달려야 했습니다. 지금도 고민은 계속되고 있습니다. 그리고 지금이야말로 그 사태를 통해 인성교육의 핵심을 강조하고 가르칠 커다란 계기가 되었다는 생각입니다.

우선 사회의 안전망을 먼저 살펴봅니다. 우리를 지켜줄 평형점을 어디서 찾아야 할지, 어떤 면이 허술한지 낱낱이 분석하고 성찰해야 합니다. 먼저 안전지대 안으로 들여보내고 위험으로부터 지켜줄 수 있는 강력한 매뉴얼이 필요합니다. 이 매뉴얼이 제대로 갖춰지지 않았다면, 또는 갖춰져 있다 해도 상황별로 유연하게 대처할 수 있을 정도로 세밀하지 않다면, 우리는 위험한 사회에 그대로 노출될 수밖에 없습니다.

여기서 한 걸음 더 깊이 들어가봅시다. 우리가 '초(超)위험사회'에서 불안감을 느끼는 것은 안전 지향 매뉴얼이 없거나 있어도 그 존재를 모르기 때문이 아닌, 실행할 의지가 없다는 데에 있는 것은 아닌지 생각해봅니다. 모든 일은 '아는 것'만으로는 이룰 수 없습니다. 머리로만 아는 것이 아니라 우리 몸속 세포 하나하나에 배어들어야 합니다. 체득되어 온전히 자신의 것이 되어야 합니다.

세월호의 선장은 사고가 벌어진 순간 선장으로서 해야 할 매뉴얼을 알고 있었을 겁니다. 그러나 체화되어 자기 것이 되지 않은 것이 분명합니다. 그는 양심의 가책을 느끼면서도 그저 본능에 따라

몸을 부들부들 떨며 도망쳤을 테지요.

그래서 저는 이제라도 '대한민국호', 바로 우리나라의 침몰을 막기 위해 '인성교육'을 처방해보고자 합니다. 특히 '덕(德)'이라는 주제에 초점을 맞춰 파헤쳐보고자 합니다. '덕'은 사실 조선 시대까지만 해도 자녀들의 인성교육에서 가장 중요한 자리를 차지하고 있었지만, 오늘날에는 그저 박물관에나 전시됨 직한 글자로 격이 떨어지긴 했습니다. 하지만 이 글자에 다시 숨을 불어넣어서 우리의 일상을 이끌 중요한 개념으로 되살아나게 해보려 합니다. 이 프로젝트가 분명 의미가 있을 것이라 확신합니다.

'살과의 전쟁'! 요즘은 모두 운동에 식이요법에 충실하느라 바쁩니다. 이러한 트렌드를 보았을 때 '덕'이라는 글자가 인기가 없을 만합니다. 아무에게나 "후덕(厚德)하게 생겼다."고 이야기하면 남녀를 불문하고 썩 기분이 좋을 리 없습니다. 여기에서 '덕스럽다'라는 뜻은 덕을 쌓았다는 의미보다는 외모를 표현하는 의미로 몸집이 좀 크다는 뜻이니 말이죠

모두가 스펙 만들기에 골몰하고, 오로지 명문 학교를 위한 공부, 취업을 위한 공부에 주력하는 것이 오늘날 세상 모습입니다. 재승박덕 형의 인재가 계속 나올 수밖에 없는 상황이지요. 경쟁에서 끝내 이겨 어디론가 목표하는 곳에 이르는 데에는 능하지만, 성공과 출세만이 전부인 것 같이 여기고 달려드니 이제는 듬직하고 믿음직한 인재의 출현이 그립기까지 합니다. 이러한 관점에서 덕의 의

미를 다시 음미해볼 때가 된 것이 아닌지 생각해봅니다.

• 문제의 핵심은 실행

우리에게 부족한 것은 아는 것을 실천하고 행동하는 능력입니다. 이 능력들은 본능적으로 갖춰지는 것이 아닙니다. 그러기에 능력을 연마하기 위한 노력을 들여서 지속적, 반복적으로 연습을 해야 하지요. '습관화(習)'를 통해 덕(德)을 기르는 것, 그렇게 키운 덕이 몸에 배어 체화(體化), 체득(體得)되어야 합니다.

이렇게 모든 것에 실행을 중요하게 여기는 이유는, 행동은 두 가지 기능을 가지고 있기 때문입니다. 첫 번째는 수행적(performative) 기능입니다. 행동을 거쳐야만 우리가 의도한 바나 목적을 현실적으로 이룰 수 있습니다. 그리고 두 번째는 형성적(formative) 기능으로, 행동의 결과는 다시 피드백되어서 행동하는 사람의 성품을 바꾸고 변화시키는 기능입니다.

단지 '아는 것'에만 그치는 관념론자로서 만족할 수 없는 이유가 바로 여기에 있습니다. 실행력만이 마음에 들지 않는 현실을 바꾸고 문제를 해결할 수 있습니다. 위에서 말한 '수행적 기능'이 반복될 때, 행위 주체의 성품도 새로이 바뀌고, 좋은 습관 또한 형성되는 '형성적 기능'이 발현됩니다. 바로 이것이 반복수행을 통해 덕을 축적하는, 변화의 메커니즘입니다.

　동서양의 덕을 연구하는 많은 윤리학자들은 습관과 습관화의 중요성을 이야기했습니다. 그 이유는 행동과 실천을 한 뒤 따르는 피드백 효과, 성품의 덕을 강화하는 형성적 기능 때문이라고 생각합니다. 아리스토텔레스와 공자도 같은 이유에서 '습관'을 강조했던 것이지요. 어찌 보면 극기훈련과도 같은 불교에서의 끊임없는 '수행'도 같은 맥락의 실행이 되겠습니다.

　어떤 일을 하든 새로 시작하는 것이라면, 어느 정도 수준에 올라 능숙하게 하기 위해서는 '반복'해서 학습하고 연습하는 절대 시간을 들여야 합니다. 이런 과정을 거쳐 능숙해지면 이제는 즐길 수 있는 수준에 이르게 되고, 그 일을 할 때 드디어 '몰입'의 경지에 다다릅니다. 예를 들어 수영을 처음 배우려고 물에 들어가는 사람은 물이 무서울 수 있겠지만, 수영의 기술을 익히고 물과 친해지는 절대 시간을 거치고 나면 나중에는 물에서 즐겁게 노닐게 되지요. 이런 과정이 쌓여갈 때, 우리 삶의 즐거움도 함께 쌓여가는 것입니다.

　이러한 즐거움의 사이클은 운동에만 적용되는 것이 아닙니다. 도덕적인 행위를 하는 데에도 반복의 노력이 필요합니다. 예를 들어 봉사활동을 하는 것이 내 일 같지 않고 귀찮고 심지어 어렵겠지만, 익숙해지면 이 활동을 즐기는 수준에까지 오를 수 있습니다. 부도덕한 행위와 도덕적인 행위의 차이는 여기에 있습니다. 부도덕한 행위는 일부에게는 커다란 쾌락이 되겠지만 다른 이에게는 고통을 안깁니다. 그러나, 도덕적인 행위는 모두에게 혹은 적어도 다수에게 즐거움을 주지요. 그래서 덕이 있는 행동은 '바르고, 즐거운 삶을 살 수 있는 기술'이라 하겠습니다.

• 덕의 체득과 행복한 인생

인생의 지향점이 무엇이냐고 묻는다면 대부분의 사람들이 '행복하게 사는 것'이라고 대답할 것입니다. 그런데 막상 행복이 무엇이냐고 물으면 대답하기가 막연할 수 있지요. 답변들도 무척 다양할 것입니다. 행복은 정답을 골라내는 객관식이 아니라 주관식 문제이기 때문에 사람마다 모두 다르지요. 그렇기에 행복(well-being)을 논하기보다, 이보다 더 쉬운 행복의 조건, 즉 복지(welfare)를 여기저기에서 이야기하는 것일지도 모릅니다. 과연 행복의 조건은 무엇일까요? 서로 합의할 가능성이 있는 문제일까요?

많은 철학자들과 종교가들은 그냥 행복한 것이 아니라 진정으로 행복한 것(眞福), 누릴 만한 가치가 있는 행복, 일상적 행복(happiness)이 아닌 더욱 심오하고 지속 가능한 행복(eudaimonia) 혹은 축복(blessedness) 같은 어떤 것이 있다고 생각했던 것 같습니다. 그래서 이와 같은 고차원의 행복한 삶의 조건이 무엇인지를 알고 싶었던 것이지요.

아리스토텔레스는 어느 정도 물질적으로 여건이 충족되는 것을 행복의 조건으로 보았습니다. 인간은 동물이 아닌 까닭에 물질적 조건과 더불어 정신적 조건에 만족해야 진정으로 행복할 수 있다고 생각했습니다. 물질적인 만족감은 필수지만, 정신적으로도 보완이 되어야 인간다운 행복을 성취할 수 있다는 것입니다. 지금 내가 하는 일이 재미있기는 하지만, 영적인 존재로서 자아를 실현하기 어렵거나 성취감을 느낄 수 없다면 어떠한 의미나 가치가 없을 테지요.

그렇다면 물질적 충족을 보완한다고 하는 정신적 유덕함은 무엇일까요? 인간의 행복을 구체적으로 완성하는 덕(德, arete)이란 무엇일까요? 아무리 물질적으로 풍요하더라도 덕이 없으면 영혼의 공허함을 막을 수 없고, 비록 가난하다 하더라도 덕과 함께하면 삶이 다소 불편하기는 해도 영혼은 충만할 것입니다. 물질도 풍족하지 않은 데다 부덕하기까지 하면 그 삶은 지극히 비참해지겠지요.

동서양의 현인들은 깨달음에 의해서 얻은 실천적인 지혜를 반복해서 훈련하는 것만이, 덕을 얻고 체득하는 방법이라고 했습니다. 남이 가르쳐주고 챙겨주어서 얻어지는 것이 아니라는 것이지요. 여기에서 습관의 위력 혹은 기적에 주목해야 하겠습니다.

"부지런한 사람이 천재보다 낫다."는 말이 있습니다. 천재는 멋진 능력을 타고났지만, 그것만 믿고 제 능력을 백 퍼센트 끌어내지 못하는 경우가 간혹 있습니다. 반면, 평범한 능력을 갖추고 태어난

이들은 믿을 것은 자신의 노력밖에 없다는 생각으로 부지런히 노력하지요. 그리고 이 부지런함의 성과는 당장 드러나지는 않지만, 조용히 오랫동안 쌓여 언젠가는 놀라운 모습을 드러냅니다. 남들은 기적이라고 생각하는 이 성과는 여러 해가 가는 동안 들인 피땀의 결과입니다.

인간이기에 느끼는 자신의 한계를 제대로 바라보고 지적으로도 겸손한 이들은, 각각의 힘은 보잘것없지만 힘을 합치면 엄청난 시너지 효과를 낸다는 비밀을 터득하게 됩니다. 그래서 이 시대는 한 명의 천재보다는 여럿의 범재들이 모여 놀라운 성과를 내는 집단을 선호합니다. 오늘날의 트렌드인 집단 지성(collective intelligence)과 일치하는 개념입니다. 이렇게 집단 지성 시대인 오늘날, 이전 시대보다 더 인성교육이 필요한 것은 어쩌면 당연한 일이 아닐까요?

오랫동안 대학에서 철학을 가르쳐온 저는 5년 전,《열 살까지는 공부보다 아이의 생각에 집중하라》라는 자녀교육서를 펴내며 '어린이를 위한 철학교육'의 중요성을 언급했었습니다. 그 책에서 저는 미래의 인공지능과 겨룰 수 있도록 아이들이 스스로 '생각하는 힘'을 키워야 함을 강조했죠. 그러면서 책 속에 '바르게 행동하기'에 대한 내용도 조금 담았었습니다.

이번 책에서 저는 이 '바르게 행동하기'에 대한 내용을 좀더 본격적으로 다루고자 합니다. 배우고(學), 생각한(思) 바를 습관화(

習)하고, 바르게 행(行)함으로써 얻는 즐겁고(悅) 행복한 삶의 과정에서 가장 실천하기 어렵다는 '바른 행동'에 대해 얘기해보고자 합니다.

특히 행복하고 가치 충만한 삶을 위한 12가지 덕목을 중심으로 살펴볼 텐데요. 각 덕목이 뜻하는 바가 무엇인지, 왜 덕목을 길러야 하는지, 어떻게 덕목을 기를 수 있는지를 개략적으로 살펴본 후 실제 사례를 들어 해법을 모색해보고자 합니다. 또 다른 나라에서는 어떻게 덕목을 가르치고 교육하는지도 엿보겠습니다. 이렇게 실제 사례들을 살펴보고 해법을 찾아가면서 아이들을 교육하는 부모님과 선생님들에게 좀더 현실적인 도움을 줄 수 있는 책을 쓰기 위해 노력했습니다.

현실 속에 나타나는 수많은 사례 중에 몇몇 사례만을 뽑은 탓에 모든 문제점을 다루지는 못했지만, 각 덕목과 연관된 흔한 사례이니 인성교육을 위한 참고자료로 쓰기에 무리는 없으리라 생각됩니다. 또 해당 사례에 대해 자녀들과 부모님이 함께 이야기해보는 자료로 활용하기에도 더없이 좋을 것 같습니다.

모쪼록 아이들을 가르치고 교육하는 부모님과 선생님들이 이 책을 아이들과 함께 읽고, 아이들이 좋은 인성을 가진 참된 인재로 커나가고 스스로 만족감이 충만하고 행복한 삶을 꾸릴 수 있도록 최전선에서 도움을 줄 수 있기를 희망합니다.

차례

1부

내 아이를 위한
인성수업

내 아이의 미래를 위해
지금 시작하자

'잡은 물고기를 주는 것보다 물고기 잡는 법을 가르쳐주는 것'이 보다 중요하다는 말이 있습니다. 물고기를 잡아주면 그날 하루는 맛있게 그 물고기를 먹으며 살 수 있겠지만, 물고기 잡는 방법을 가르쳐주면 상대방은 평생 살아갈 수 있는 기술을 갖추게 되죠. 아이들에게 인성과 도덕을 교육하는 과정 중, '생각'하는 방법을 알려주는 것이 가장 우선시되어야 함을 알려주는 일화입니다.

물론 본격적으로 도덕을 교육하기 전, 그리고 자유롭게 주체적인 생각을 할 나이에 이르기 전에 '기본예절'부터 몸에 배도록 해야 함은 당연합니다. 예절은 바른 마음가짐에서 우러나오는, 본능에 가까운 태도이기 때문에 스스로 익히기를 기다리기보다 먼저 타율적으로 기본적인 교육을 해주어야 합니다. 적절히 강제적인 예절 교육은 자유로이 생각하는 법을 알게 해주고, 탄탄한 마음의 기초가 되니까요.

그러나 세상은 끊임없이 변하고, 각자에게 닥치는 상황도 다양하기 때문에 틀에 박힌 도덕 규범을 일률적으로 따르라고 하는 것은 무리입니다. 숨 가쁘게 돌아가는 현재에 적응할 대안이 무엇일지 깊이 생각하여 최선의 대응책을 찾는 것에 주목해야 합니다. 도덕 교육이 예나 지금이나 굳건히 변치 않는 예절에 그칠 수 없는 이유가 바로 여기에 있습니다.

그래서 딜레마(dilemma, '소의 두 뿔'에서 유래된 말)에 처한 상황을 예화로 들면서 도덕적인 사고를 훈련하는 것은 변화무쌍한 상황에 슬기롭게 대처할 준비를 해주는 좋은 방법입니다. 달려오는 소를 오른쪽으로 피하면 오른 뿔에 찔리고, 왼쪽으로 피하면 왼 뿔에 찔리는 상황에서 한 가지를 택해야 할 때, 어떠한 도덕적 사고를 발동시킬 것인가 하는 것은 어려운 선택이지만, 이러한 사고에 친숙해져야 합니다.

우리는 여기에서 잊지 말아야 할 것이 또 하나 있습니다. 사고교육 못지않게 중요한 것이 '덕목'에 대한 교육이죠. 우리가 택할 수 있는 최선의 도덕적 행위는 그저 생각하는 것만으로 이루어낼 수 없기 때문입니다.

머릿속으로는 과연 무엇이 올바른지 도덕적으로 충분히 알고 있다 하더라도, 그를 실행할 용기가 없다면 무슨 소용이 있을까요.

주변에서 지식인, 지성인으로 높이 여겨져도 행동으로까지 옮기지 못한 나약한 이들을 얼마나 자주 목격할 수 있었나요.

생각을 행동으로 옮겨줄 촉매 역할을 하는 용기. 이 용기는 오래도록 반복 실행해서 얻어지는 일종의 기술(skill)과 같은 것입니다. 그래서 플라톤도 덕(virtue)을 기술에 비유하여 설명하고 있습니다. 이러한 덕목은 누군가 쉽게 가르쳐줘서 배울 수 있는 것이 아니고, 스스로 노력하여 깨우치고, 습득해야 합니다. 몸으로 부딪혀 익혀야 한다는 뜻에서 체득(體得)된다고도 표현하죠. 아무리 지적으로 탁월한 사람이라도 평소에 매일 운동하듯 연마한 도덕 기술로서의 덕이 없다면 부덕한 존재에 불과합니다. 꾸준한 덕목 교육은 일찍이 익혀온 예절 교육의 연장선상에 있습니다.

이렇게 도덕적 사고에 대한 교육이 토양이 되어 예절 교육은 더욱 탄탄해지고, 여기에서 한 차원 더 나아가 덕목 교육이 이루어집니다. 이러한 교육 과정의 구조 속 상층에 위치한 덕목의 본질과 성격을 정확히 이해하고, 덕목 교육이 왜 중요한지 알게 되고, 직접 행동으로 옮기면서 예절 교육의 바탕은 확고해집니다.

과거의 도덕 철학자들은 동서양을 막론하고 현실에서 당면하는 유혹들 속에서 인간의 의지가 얼마나 나약한지 꿰뚫어 보았죠. 그래서 평소에 반복하여 의지를 단련하고 단단히 연마하는 과정을 통해, 덕을 한시적인 도구가 아닌 지속적인 성향으로 갖추는 것에 주목했습니다. 이것이 바로 수련이나 수양(修養)이 도덕 교육의 핵심이 되는 이유입니다. 요즘에는 사고에 대한 교육에만 몰두하는 터라, 그에 묻혀 점점 잊혀지고 있는 '도덕적 덕목' 교육의 중요성에 다시 눈을 돌릴 필요가 있습니다.

이런 흐름 속에서 '딜레마적 상황 예화'를 이용한 도덕적인 사고 교육과 함께 '12가지 덕목 익히기'라는 이름으로 도덕적 덕목 교육 프로그램을 마련하려 합니다. 한 달에 한 가지의 덕목을 선정하여 부모님과 자녀들이 함께 그것을 화두로 생활 속에서 실천하면서 몸에 배어들게 하면 좋을 것 같습니다. 매달 다른 덕목을 하나씩 집중적으로 생각하고 생활의 초점이 그에 수렴한다면, 우리도 모르는 사이에 분명히 소득이 있을 것으로 기대합니다.

그런 점에서 '덕목'과 '사고' 교육은 올바른 도덕과 인성을 형성하는 데에 두 개의 커다란 축이 될 것입니다.

• '12가지 덕목 익히기' 프로그램 활용하기

먼저 왜(why) 특정한 덕목을 가르쳐야 하는지, 왜 그 덕목이 필요한지 부모님과 자녀들이 함께 생각해보면 좋겠습니다.

그리고, 언제(when) 그러한 덕목을 가르쳐야 하는지, 아이들이 성장하는 데 어느 시기부터 시작해야 할지도 물어보면 좋겠습니다. 누가(who), 어디에서(where) 교육해야 하는지도 다시 검토해봐야겠지요. 물론 덕목 교육은 어린 시절 부모님으로부터 자연스레 시작하는 것을 전제로 합니다.

어떤(what) 덕목을 가르쳐야 할지 결정하는 것은 매우 중요한 일입니다. 그리고 어떻게(how) 가르쳐야 할지 방법도 검토해야 할 것입니다. 마지막 이 두 가지 질문은 다른 어떤 질문보다 더없이 중요한 사항입니다.

왜(Why) 덕목을 가르쳐야 할까?

이에 대해서는 여러 대답들이 나올 것입니다.

'부모님이 바라시니까', '예전부터 계속 해왔던 일이니까', '사회가 평안해지기 위해서', '우리의 신념 때문에', '그러한 행위로써 자율성, 독립성, 신뢰감을 가질 수 있으니까' 등등…….

이런 답들은 나름대로 모두 일리가 있습니다. 일부는 매우 올바른 대답이기도 합니다. 그러나 다른 모든 답변의 가장 기초가 되는, 밑바닥에 자리 잡고 있으며 다른 모든 것들을 포괄하는 이유, 즉 보편적인 답이 있습니다. 우리가 자녀들에게 덕목을 가르치는 이유는 '덕목이 그들에게 이롭기 때문'입니다. 여기에서 이롭다는 뜻은, 물질적이고 눈에 보이는 이익을 넘어 행복을 도모하는 데에 가장 의미 있고 효과적인 방법이라는 의미입니다.

덕목이나 도덕이 사람들이 느끼고 누리는 행복에 크고 작은 영향을 끼친다는 사실은 세대에 걸쳐 경험으로 전해집니다. 시대와 국가를 막론하고 모든 성현들이 방법과 표현은 달라도 동일한 기본 덕목을 가르쳐온 것도 우연의 일치는 아닙니다. 문명이 쇠퇴하는 양상과 도덕성 곡선의 하락 또한 서로 관계가 있다는 것도 역사의 무대에서 자주 보아왔던 현상이었습니다.

덕목을 배우는 자녀들이 삶과 행복과의 관계를 배우는 방법 중 하나는 '시행착오(trial and error)'가 아닐까 합니다. 처음부터 지혜를 얻고, 아무런 걸림돌 없이 무난하게 흘러가는 삶이라면 얼마나 좋겠습니까만, 부덕한 행위를 하면서 얻는 고통과 불행을 쓰라리게 겪으면서 어떤 것이 행복한 상태인지를 차차 알게 되는 것, 이것이 비로소 행복으로 가는 지혜를 터득할 수 있는 유일한 길입니다.

언제부터(When) 시작할 것인가?

미국은 지난 1960년대, 부모들이 자유방임 교육을 한 결과 1980년대에 도덕의 무정부 상태가 도래했고, 마약 중독, 폭력, 살인 등으로 인해 가정이 파괴되는 등 갖가지 불행한 현상들이 터져나왔다고 합니다. 가족은 자녀들이 자신의 가치 기준을 스스로 세울 수 있도록 성장할 때까지 도덕을 가르치고 옆에서 도와주어야 하는데, 그 시대 부모님들은 지나치게 관대한 나머지 그 과정을 생략한 것이지요. 이는 세차게 소용돌이치며 뭐든 집어삼킬 것 같은 격랑의 한가운데에 작고 무력한 돛단배 한 척을 띄우고는 안전하게 항구에 다다르기를 바라는 것과 같은 일입니다.

사실은 부모의 도움이 있든 없든 아이들은 학교에 들어가기 전 이미 의식적으로 또는 잠재의식 속에서 자기의 가치관을 싹 틔우기 시작합니다. 이 새싹은 점점 자라면서 친구로부터, 텔레비전이나 인터넷 같은 매체로부터 영향을 받지요. 그래도 여전히 가족들로부터 가장 많이 배우게 됩니다. 학교에 들어가면 가정교육과는 또 다른 체계 있는 교육을 받으면서 가치관을 점검하고 발전, 변경할 기회를 얻습니다. 사춘기에 이르면 자율성, 독립성이 대폭 커지면서 이제야 부모의 틀에서 벗어나 나름대로 가치관을 단단히 정립하게 됩니다.

　부모님들이 가치나 덕목을 가르치는 일에 소홀하면 자녀들은 덕목을 별로 중요하지 않은 것으로 생각할 수밖에 없습니다. 어린 자녀들에게는 부모님이 그들 세계의 전부이니까 말입니다. 따라서 먼저 의식적으로 이 교육을 중요하게 여기고 모범을 보여주는 것이 중요합니다. 자녀들은 시기별로 자신만의 속도에 맞추어서 가치관을 발전시키겠지만, 어린 시절, 부모님이 가치와 덕목들을 실행하는 모습, 소중히 여기는 모습을 보고 자라면, 그것들이 인생의 중요한 일부라는 것을 자연스럽게 각인하게 됩니다.

　이 책은 부모님들에게 어렵고 딱딱한 이론만이 아니라 적극적인 프로그램을 제시할 것입니다. 매달 분명한 목표를 가지고 덕목 교육을 할 수 있게 12개의 덕목을 뽑아내었습니다. 매달 하나의 덕목에 집중하여 여러 가지 방식으로 자녀들이 덕목을 익히도록 도와줄 것입니다. 덕목 교육은 언제 해야 하냐고요? 네. 바로 지금, 그리고 언제나 끊임없이 해야 할 것입니다.

어디서(Where) 누가(Who) 가르쳐야 할까?

도덕을 학교에서 가르쳐야 하는 것인가 하는 문제는 분분한 논의가 있고, 매우 흥미로운 주제이기도 합니다. 그러나, 아무래도 가정에서 도덕 교육을 주로 담당하는 것이 자녀들에게 더 큰 영향력을 미치지 않을까 생각됩니다.

왜냐하면 부모와 자녀의 만남은 어린이와 학교의 만남보다 적어도 5~6년 먼저 시작되기 때문이지요. 물론 취학 전 유치원이나 기타 여러 보육 시설에서도 아이들의 성장을 돕고 있습니다만, 여기서는 별개의 문제로 놓겠습니다. 그리고, 뭐니 뭐니 해도 인생의 첫 15, 16년 동안 삶에 엄청난 영향력을 끼치는 사람은 바로 부모님이기 때문입니다.

이는 사실이고, 또 마땅히 그래야 할 일입니다. 가족은 인생에서 가장 기초가 되는 집단이고, 그 안에서 부모는 기본적인 의무를 갖습니다. 자녀들이 도덕적 가치를 연마해서 점차 변화하고, 양심에 따라 행하면서 느끼는 즐거움과 행복감은 지속해서 이어짐과 동시에 주변으로 널리 퍼집니다. 이 소중한 경험을 알려주는 것은 부모입니다. 그리고 여러 선생님들 중 하나가 아닌, 중심에 우뚝 선 최상의 선생님(best teacher)이며, 앞으로 많은 선생님들이 부모님들을 뒷받침하게 될 것입니다.

무엇(What)을 가르쳐야 할까?

그러면 세상에는 누구에게나 다 적용될 보편적 덕목이나 가치가 있을까요? 조건도 없고, 변하지도 않는 절대 도덕이 있을까요? 삶에서 나와 아이들에게 중요한 것이 무엇인지 더 명료하게 알고 싶은 부모님들은 이런 질문에 직면하게 됩니다. 어쩌면 우리가 알고 싶은 도덕은 거창한 것이 아닌 소박한 것일 수도 있습니다. 아이들에게 어떤 덕목을 전해야 할지, 그것들의 정의와 기준을 깊이 생각하면서 가치관과 도덕관을 다시 정리할 수 있는 기회도 되겠지요.

뽑아낸 덕목 중에 미처 갖추지 못했거나, 알면서도 제대로 실천에 옮기지 못한 것들도 있을 것입니다. 그러나 이것을 일관성이 없거나 위선적인 것으로 생각할 필요는 없습니다. 우리 아이들이 내가 배운 것, 내가 배운 환경보다 더욱 양질의 교육을 받기를, 그리고 내가 더 잘 가르치기를 소망하고 있으니까요. 청출어람(青出於藍), 즉 자녀들이 나를 능가하여 더 멀리 나아가기를 바라니까요. 자녀들은 부모의 장점만 보면서 배우는 것이 아니라, 부족한 점, 모자라는 면도 보고 느끼면서 성장합니다.

덕목의 정의는 다음과 같습니다. 누구에게나 적용되는 진정한 덕목은, 실행하는 이는 물론, 주변에 이로운 영향력을 퍼뜨립니다. 이는 행복을 이루고, 불행을 미리 방지하게 해줍니다. 이로움을 안겨주며, 괴로움을 막아내는 그 어떤 것입니다. 그리고, 타인에게 이로움을 주는 다른 기술과 덕목을 구분하는 기준은, 남들에게 베풀더라도 내 것이 줄지 않는다는 성질을 가지며, 베풀수록 더 많은 보답이 돌아옵니다.

예를 들어서 정직은 그것을 실천하는 이에게나 상대에게나 이로운 행위입니다. 사랑, 친절, 정의 등도 마찬가지입니다. 내가 행할수록 남들에게서 그 영향력이 더욱 확장되어 돌아옵니다.

이와 비교하여 야심이나 학문적 재능, 미모, 물질적 부와 같은 것들은 긍정적인 면을 가지고 있지만, 보편적 가치나 덕목으로 올리기는 어렵습니다. 야망을 품은 이는 개인적으로는 이로울지 모르겠지만, 간혹 상대를 기만하고 내리눌러야 야망을 이룩할 수 있는 상황이 닥칠지도 모릅니다. 미모나 학문적 재능은 남에게 베푼다 하더라도 반드시 보답이 주어진다고 보기는 어렵습니다.

별과 같이 다양하고 수많은 덕목 중에서 12가지를 주요 덕목으로 선정했습니다. 그들 중 일부는 우리의 사는 방식, 즉 존재(being)와 관련이 있고, 다른 일부는 주는 방식, 즉 베풂(giving)과 겹칩니다. 그러나 이 두 가지를 엄정하게 나누기는 어려우며 여러 면에서 서로 중복되고 겹칩니다.

어쩌면 이 12가지 덕목 안에 들어가지 못한 중요한 것들이 많다고 생각할 수도 있습니다.

"지혜는 왜 넣지 않았어. 창의성과 유머는 어디 있지? 자존은 그리고 자율성은……."

목록에서 빠졌다고 생각되는 것들은 다음의 둘 중 한 곳에서 볼 수 있을 것입니다.

　a. 12가지 목록 속에 감추어져 있을 수 있습니다.

　찬찬히 읽다 보면 열두 개의 덕목이 생각보다 훨씬 광범위한 것임을

알아차리게 될 것입니다.

　b. 여러분의 머릿속에 있을 수 있습니다.

　이밖에 다른 덕목들을 가르치고 싶다면 여기 나온 덕목들을 가르치

는 방법과 개념들이 큰 도움이 될 것입니다.

　열두 가지 덕목에 너무 얽매일 필요는 없으며, 새로운 것이 언제

든 생겨날 수 있습니다. 중요한 것은 매달 하나의 덕목에 집중하는

것입니다. 자녀들에게 전하고 싶은 덕목이 무엇인지 생각하고, 그

것으로 시작하면 됩니다. 12개의 덕목은 추가 혹은 삭제되고, 수정

될 수도 있습니다. 따라서 우리가 바라는 우리 자신의 목록, 자기

자녀들에게 꼭 필요한 덕목을 구상해볼 수도 있을 것입니다.

어떻게(How) 덕목을 가르칠까?

자녀에게 덕목을 가르치는 최고의 방법은 부모님들이 스스로 덕목

과 함께하는 삶을 보여주고, 다른 이들에게 베푸는 모범을 보여주

는 것입니다. 행동하는 것은 말하는 것을 넘어섭니다. 이러한 본보

기가 최고의 스승이죠. 이와 함께 이야기, 놀이, 역할극, 상상하기

도 좋은 도구입니다.

※ 시나리오를 만들어서 여러 종류의 역할 놀이를 해보세요. 아이는 자기를 가상의 누군가로 정하고, 거기에서 생겨나는 결과들을 관찰하게 될 것입니다.

※ 자녀와 함께 덕목에 대한 토론을 해보세요. 자녀들의 수준에 맞게 이야기를 하면서 관심을 높여보는 것이죠. 어느 연구 결과에서도 아이의 도덕적 행위와 부모님과의 대화 시간은 밀접한 관계가 있다는 것이 밝혀졌습니다. 대화는 자녀들에게 덕목을 전하는 좋은 도구입니다.

※ 칭찬을 해주세요. 칭찬은 도덕적 행위를 일관된 습관으로 굳힐 힘을 가집니다. 실수가 보인다고 지적하는 것은 죄책감만 들게 하고, 현상만 유지할 뿐 아무것도 변화시키지 못합니다. 진정한 변화는 잘한 일을 크게 드러내고, 칭찬하는 데에서 옵니다.

※ 보상, 시상 혹은 칭찬과 더불어서 '인정'해주는 것은 가장 강력한 도구입니다.

※ 다시 한 번의 기회(second chance)를 주세요. 이런 기회를 허용하는 것은 무조건적인 처벌이나 비판이 가져올 부정적인 효과를 없애고, 행동을 교정할 수 있는 최상의 길입니다.

※ 격언, 특정 가치나 덕목을 짧고, 요령 있고, 기억에 남도록 만든 구절은 자녀들에게 전달하기에 매우 효과적인 도구입니다. 가치나

덕목에 반하는 사항과 짝을 지어 보여주는 것도, 어떤 것이 사람들에게 이롭고 또는 해로운지 분별할 힘을 키우는 데 도움이 됩니다.

※ 부정적인 행동보다는 긍정적인 행동, 잘하는 일에 주목하고 초점을 맞추는 것이 좋겠습니다. 보통은 자녀들이 옳게 행동하면 그냥 넘어가면서 잘못한 것을 교정하느라고 온 에너지를 다 동원하지요. 이런 전략에서 벗어나 아이들이 옳은 행동을 하는 장면, 그 순간을 포착하도록 노력해야겠습니다.

각 덕목마다 각기 다른 다양한 방법들이 있을 수 있습니다. 부모님들은 단계에 맞는 효율적인 방법이 어떤 것인지 잘 생각해보시기 바랍니다. 취학 전 어린아이들에게 가장 좋은 교육은 놀이와 이야기, 그리고 칭찬입니다.

초등학생들에게는 적절한 보상 주기, 그리고 그 성공 경험을 기억하는 것이 중요합니다. 더 많은 생각을 하게 해주는 언어 게임도 좋습니다. 청소년기는 깊이 있는 대화와 이로운 점, 해로운 점에 대한 구분, 같은 10대인 친구들의 사례를 대하고 그에 대한 해법을 구하는 방법 등이 최고의 효과를 볼 수 있겠습니다.

이와 같은 적절한 방법들을 부모님들이 적극적으로 이용한다면, 아이들에게 덕목을 전할 유용한 도구가 되고, 삶의 선물이 될 것입니다. 이 책을 끝낼 무렵이면 부모님들은 우리 자녀들에게 세상에서 가장 믿음직한 덕목 선생님이 되어 있을 것입니다.

2부

12가지 덕목을 통한
인성교육

• 1장 •

정직과 진실

• 정직이란 무엇인가?

'정직(Honesty)'이란 진실하고 열린 마음이며 사실을 그대로 말하는 태도입니다. 정직한 사람이라면, 거짓말로 남을 속이지 않을 것이라고 신뢰합니다. 상대방이 호의적인 태도를 보였을 때 그것이 이득이나 환심을 사기 위한 꼼수가 아닌, 거짓 없는 진실이라고 생각하는 것입니다.

누군가가 친구가 되고 싶다고 할 때, 정직한 사람이라면 진정으로 상대에게 호감을 느껴 친구가 되고 싶은 것일 뿐, 숨겨진 다른 이유가 없습니다. 정직함은 표면에 드러난 모습과 감정이 일치하고, 그 사실을 믿을 수 있게 해줍니다. 어떤 일이 있어도 진실을 말하는 것이기 때문입니다. 누군가를 슬프게 하는 진실이 있다면, 조심스럽게 전하는 태도를 갖출지언정 거짓을 말하지는 않습니다. 더불어 남들을 기쁘게 하기 위해서 과장하지 않습니다.

정직은 거짓 약속을 하지 않고, 말한 대로 행하는 것입니다. 언행일치, 즉 말과 행동이 일치합니다. "열 길 물속은 알아도, 한 길 사람 속은 모르는 일"이라는 속담이 있지요. 속담이 표현하는 것과 같이, 겉과 속이 다른 이중인격, 이중성을 지닌 사람은 신뢰할 수가 없지요.

정직한 사람들이 모인 사회는 얼마나 믿음직할까요? 정직하지 못한 사람은 다른 이들과의 관계에서 불신을 낳고, 이는 사회에 불편함과 불이익을 가져옵니다. 결국, 부정직한 이들 자신도 같은 사회의 일원이기에 이를 함께 감수해야 합니다. 정직은 신뢰할 수 있는 사회를 이루는 기초이자 기본이라 할 수 있습니다.

• 왜 정직이 필요한가?

거짓말로 남을 속이거나 물건을 훔치는 일이 거듭되면, 주변 사람들이 그를 눈치채지 못할 리 없습니다. 잘못을 저지르고도 그것을 덮어버리려고 거짓말을 또 하게 되고, 거짓이 거짓을 낳는 꼴이 되지요. 한 번의 거짓을 감추려고, 열 번의 거짓말이 이어지고, 이것이 습관으로 굳어지게 되어 영원한 거짓말쟁이가 되고 맙니다. 잘못을 고치기가 어렵게 되지요. 이런 이들의 마음은 어떨까요? 남들을 속이는 일이 마냥 신나고 통쾌할까요? 아닙니다. 주변으로부터 고립되어 마음은 더욱 황폐해질 것입니다.

우리는 가끔 거짓 광고에 속습니다. 광고를 믿고 돈과 노력을 들여 물건을 샀는데, 기대에 크게 미치지 못하거나 아예 쓰지 못할 물건일 때 기분이 어떤가요? 다시는 그 물건을 판 곳과 거래를 하고 싶지 않을 것입니다. 정직하지 못한 태도, 과장 광고는 다른 사람들에게 불이익과 실망을 안겨주면서 서로 믿지 못하는 불신 사회를 만듭니다.

서로를 믿지 못하는 불신 사회에서는 아무도 이득을 볼 수 없습니다. 불필요한 신경을 쓰게 되고, 큰 스트레스를 감수해야 하지요. 모두가 속고 속이면서 시간과 에너지를 낭비하면서 인생을 허비하게 됩니다. 그야말로 '바보들의 행진'을 계속하겠지요.

때때로 스스로에게 정직하지 못한 때가 있지요. 남에게 고통을 주면서도 마치 아무 일 없다는 듯 태연한 표정으로 소통을 막아버립니다. 정직한 사람은 나의 이득을 위해 남을 속이고 이용하지 않습니다. 나도 모르는 사이, 실수로 잘못을 할 수도 있을 겁니다. 그런 일이 벌어졌을 때는 스스로 인정하고 곧바로 잘못을 바로잡으려고 노력해야 합니다.

• 어떻게 정직을 익힐까?

정직을 익히기 위해서는 말과 행동이 일치하는 것이 제일 중요합니다. 잔머리를 굴려서 속임수를 쓰고, 다른 이들을 바보로 만들지 않습니다. 반대로 다른 이들이 나를 속일 만한 기회를 주어서도 안 됩니다.

행동뿐 아니라, 생각과 말이 달라서도 안 되겠지요. 어떤 일이든 최선을 다하되, 남에게 좋은 인상을 남기고 싶고 잘 보이고 싶어서 과장해서 말하고 행동하기를 삼가야겠습니다. 있는 그대로만 보여주는 정직한 태도가 가장 당당하고 담백한 모습입니다.

또한, 약속할 때에도, 다른 이와 거래할 때에도 꼭 지킬 수 있는 것만 신의를 다해서 약속해야 합니다. 당장 이익이 눈에 훤히 보이기 때문에 거짓말을 하고 속이고 싶은 유혹이 들 때가 있을 수도 있습니다. 그러나 그 꼼수는 절대 오래 가지 않으며, 길게 내다보았을 때 이득이 될 리가 없습니다.

가능한 한 진실을 말하려고 노력하고, 혹시 잘못을 저질렀다면 인정하고 받아들이는 용기를 가져야겠습니다. 이것이야말로 잘못을 고칠 수 있는 최상의 방법입니다. 내게 진실할 때 남에게도 정직한 마음을 보일 수 있습니다. 사람을 대할 때 속으로 치밀하게 계산하고 딱 거기까지만 내어 보여주는 장사치일 수는 없으니까요.

"부모가 최선의 교사(Parents are the best teachers)"라는 말이 있습

니다. 부모는 자녀들에게 정직한 모습만을 보여줘야 합니다. 부모가 직접 실천하는 것만으로도, 아이들은 정직이 무엇인지 이해하고 체득하게 됩니다. 자녀들의 질문에 진솔하게 대답하고, 혹시나 대답하기 어려울 때는 답할 수 없는 이유도 정직하게 말해줍니다. 혹시 아이들이 거짓말을 했더라도 크게 나무라기보다는 진실을 솔직하게 이야기했을 때 아낌없이 칭찬하는 것이 훨씬 효과적입니다. 실수로 잘못했더라도 정직한 생활을 다시 시작할 수 있는 또 한 번의 기회를 주어야 하겠습니다.

또 하나의 좋은 방법은 정직할 때와 그렇지 않을 때 따라올 결과에 대해서 알려주는 것입니다. 생활 속에서든 어떤 매체에서든 정직하지 못한 사례와 정직했을 때의 사례를 함께 찾아보고, 그것들이 각각 어떤 결과에 이르렀는지 이야기해보면 어떨까요? 외적인 상황 변화는 물론이고, 마음의 평화, 확신, 가책, 자존심 등과 같은 내면적인 요소도 함께 이야기해봅니다.

사례1 ★ 거스름돈을 너무 많이 받았어요

동준이는 친구들과 어울려 자전거 타기를 좋아하는 초등학교 5학년 학생이다.

어느 토요일 오후 동준이는 자전거를 타고 동네 서점에 가서 책 두 권을 샀다. 서점 계산대에서 동준이는 직원에게 만 원짜리 두 장을 내고 거스름돈으로 천 원짜리 몇 장과 동전을 받았다.

그런데 집에 돌아와서 보니 거스름돈으로 받은 천 원짜리 가운데 오천 원짜리 한 장이 들어 있었다. 서점에서 직원이 거스름돈을 내어주면서 오천 원짜리 지폐를 천 원짜리로 착각한 것이 분명했다. 직원이 실수하는 바람에 동준이는 오천 원과 천 원의 차액인 사천 원을 더 받은 셈이 되었다. 그건 분명 서점 직원의 실수였지 동준이 자신이 잘못한 것은 아니었다. 동준이는 단지 서점 직원이 잘못 내어준 오천 원짜리를 그저 천 원짜리로 알고 받아왔을 뿐이다. 여기서 동준이는 서점으로 가서 직원에게 그 오천 원짜리를 돌려주고 대신 천 원을 받을 것인가, 아니면 그 돈으로 자신이 평소에 점 찍어 놓았던 자전거용 경적을 살 것인가에 대해서 마음의 갈등을 겪는다.

만약 당신이 이 아이의 부모라면 어떻게 할까?

해법 ♥ 동준이가 그 오천 원을 가지고 자전거 전문점에 가서 자신이 평소에 원하던 자전거용 경적을 사는 경우를 생각해봅시다. 동준이는 그 오천 원이 자기 돈이 아니라는 것을 알면서도 마음대로 유용하는 것이지요.

그 돈 때문에 서점 직원은 주인으로부터 꾸중을 들을지도 모르고, 어쩌면 자신의 주머니에서 부족한 사천 원을 메꿔 넣어야 할지도 모릅니다. 실수를 저지른 사람은 직원이지만, 동준이는 남의 실수를 이용하여 이득을 취함으로써 그 직원을 곤경에 빠뜨리는 셈입니다. 더군다나, 동준이는 앞으로 자전거를 탈 때마다 자신이 정직하지 못했다는 것을 기억하게 될 것이고, 마음은 결코 편하지 않겠지요. 어쩌면 동준이는 마음이 불편하거나 또는 발각될까 봐 그 서점에 다시는 못 가게 될지도 모릅니다.

반면, 동준이가 서점의 직원에게 그 오천 원짜리를 돌려주고 천원을 받아 오는 경우를 생각해봅시다. 물론 직원은 동준이에게 고마워하겠지요. 동준이는 자전거를 탈 때마다 '그 돈으로 자전거용 경적을 살 수도 있었는데…….' 라는 아쉬움이 들 수도 있겠지만, 그보다는 자신의 정직한 행동을 더욱 자랑스럽게 여기게 될 겁니다. 따라서 동준이는 직원에게 오천 원을 되돌려주는 것이 옳은 일입니다.

그런데 직원이 동준이에게 잘못 내어준 거스름돈이 오천 원이 아니고 오백 원이었다면 어땠을까요? 이 경우도 대답은 마찬가지입니다. 문제가 되는 돈의 액수가 10분의 1로 줄었다고 해서 동준이가 느끼는 양심의 가책 또한 10분의 1로 줄어들지는 않을 테니까요. 동준이가 정직한 것의 여부는 돈의 액수와 관계없습니다. 비록 액수가 적다고 하더라도 그것을 돌려주지 않는다면 동준이는 여전히 부정직한 것입니다.

물론, 오백 원이라는 적은 액수의 돈을 돌려주러 서점에 다시 가야 한다는 것은 성가신 일일 수도 있습니다. 하지만 겨우 오백 원과 양심을 바꾸는 것 또한 동준이가 원하는 바가 아닐 테지요.

간혹 부모로서 '그깟 오백 원 때문에 서점까지 왔다 갔다 하려면 괜히 시간과 노력만 들 텐데…….' 하는 생각을 할 수도 있습니다. 그러나 이건 어디까지나 양심의 문제입니다. 한창 자라나는 아이들에게 정직이라는 소중한 삶의 덕목을 가르치기 위해선, 오백 원이 아니라 일 원짜리 하나라도 내 돈이 아닌 것을 취하게 된다면 정직하지 못한 결과가 된다는 것을 인식시켜야 하겠습니다.

....

사례2 ★ 체면이냐 정직이냐

민지는 초등학교 4학년인 제 딸의 이름입니다. 학교에서는 모범생이고 집에서도 그다지 말썽을 일으키지 않는 착한 아이였습니다. 그런데 오늘은 정말 충격적인 일이 벌어졌습니다. 민지는 가영이라는 아이와 친하게 지내는데, 저도 그 아이 엄마와 잘 아는 사이입니다. 우리는 같은 아파트 위, 아래층에 살고 있거든요. 오늘 우리는(나와 민지, 가영이 그리고 가영이 엄마) 백화점에 쇼핑을 갔습니다. 이곳저곳의 매장을 들러 물건을 사고 백화점 문을 나서려는데 경보음이 울렸습니다. 순간 주위의 시선이 온통 우리에게 쏠렸지요. 그런데 더욱 놀라운 것은 계산하지 않은 물건이 가영이가 든 종이 가방 속에서 나왔다는 것입니다. 그것은 요즘 아이들에게 인기 있는 캐릭터 액세서리였습니다. 가영이는 절대로 그 액세서리를 훔치지 않았다고 했지만, 가영이 엄마는 몹시 당황한 기색으로 서둘러 계산을 마쳤습니다.

이때 제 기분은 어떻게 말로 표현할 수 없었어요. 왜냐하면, 그 액세서리는 평소 민지가 사 달라고 무던히도 졸랐던 물건인데다 그 순간 민지의 태도가 어쩐지 수상쩍었기 때문입니다.

설마 하며 집에 도착한 후 민지에게 사실을 말해 달라고 당부하고 백화점에서 있었던 일을 캐물었어요. 그러자 민지는 자신이 그 액세서리를 몰래 가영이의 가방에 넣었다고 털어놓는 겁니다. 자기도 모르게 그 액세서리가 너무 갖고 싶어 그랬노라고. 훔친 것도 훔친 것이지만 경비원에게 들킬까 봐 그것을 남의 가방에 넣었다는 말을 듣고 기가 막혔습니다.

가영이 엄마에게 사실을 말하고 사과하자니 민지가 액세서리를 훔치려 했던 것이 주위에 소문이 나서 이제껏 모범생이었던 내 딸의 체면이 깎일 것이 염려되고, 그렇다고 그냥 지나치자니 아이 교육상 도저히 안 될 것 같아서 고민입니다. 이 일을 지혜롭게 풀어나가려면 어떻게 해야 할까요?

···

해법 ♥ 민지가 남의 물건을 훔친 것이 이번이 처음이라 할지라도 이 일을 엄하게 다루지 않는다면 다음에 그러한 일을 또 저지를 가능성이 큽니다. 자기 때문에 피해를 당한 가영이에게 민지가 사실을 말하고 용서를 구하는 것은 당연한 일이겠지요.

그러나 그렇게 하기 위해서는 상당한 용기가 필요할 것입니다.

일단 민지가 남의 물건에 손을 댔다는 것이 알려지면 모범생으로서의 체면은 말이 아니게 될 것입니다. 그뿐 아니라, 최악의 경우 소문이 일파만파 퍼진다면 민지는 지금 다니고 있는 학교에서 곤란을 겪을지도 모를 일입니다. 그럼에도 불구하고 민지는 이 모든 것을 감수하고 가영이에게 용서를 빌어야 합니다. 비록 이 일로 민지가 얼마간의 상처를 받겠지만 남의 물건에 손을 대서는 안 된다는 교훈은 민지의 가슴에 평생 남을 것입니다. 또한, 잘못을 저질렀을 때 용서를 구해야 한다는 점을 배우는 것도 민지에게는 좋은 교육이 됩니다.

혹시 진실을 말하지 않고 그냥 넘어간다 해도 언젠가는 가영이나 가영이 엄마가 이 사실을 나중에라도 알게 될 수도 있습니다. 세상에 영원한 비밀은 없으니까요. 이번에 그냥 넘어간다고 해도 민지는 앞으로 어색한 상태에서 가영이와 친구 관계를 유지해야만 할 테고, 친구에 대한 죄책감이라는 상처가 마음에 남을 것입니다.

민지가 비록 잘못했지만 부모님은 민지가 가영이에게 사과할 것을 독려하고, 정직하게 고백하는 용기를 발휘했을 때 오히려 민지가 스스로에게 자부심을 가질 수 있도록 곁에서 적극적인 격려를 해주어야겠습니다.

사례3 ★ 나, 왕년에 축구부였어

작년까지 서울에서 학교를 다니던 민수는 아버지의 직장 때문에 올봄에 이곳 지방 도시로 이사를 오면서 전학을 했다. 민수는 전학 온 지 얼마 안 돼서 새로운 친구들을 몇 명 사귀었다.

어느 날 점심시간에 친구들이 민수에게 서울에서 무슨 동아리 활동부에 있었는지 물었다. 사실 민수는 예전 학교에서 축구부 후보 선수였다.

민수는 망설였다.

'내가 예전 학교에서 축구부 주전 선수였다고 그냥 말해버릴까, 아니면 사실대로 후보 선수였다고 말해야 하나?'

설령 민수가 예전 학교에서 축구부 주전 선수였다고 거짓말을 한다고 해도, 민수의 새 친구들이 그것을 알 리가 없다. 더군다나 이런 거짓말로 인해 새 친구들이 당장 피해를 입을 것 같지도 않다. 그렇다면 민수가 친구들에게 거짓말하는 것은 괜찮지 않을까?

해법 ♥ 이는 친구들에게 자기를 과시하기 위해 거짓말을 하는 경우입니다. 비록 거짓말이라고는 해도, 뚜렷한 피해자가 드러나지 않는다는 점에서 다른 거짓말보다 덜 나쁘게 느낄지도 모르겠습니다.

가령, 실제로는 부자가 아니지만 "우리 집 부자야!"라고 친구들에게 자랑한다 해서 나쁠 게 뭐 있을까요? 하지만, 이런 종류의 거짓말도 옳지 않습니다.

왜냐하면 민수 자신에게 나쁜 결과를 가져오기 때문이지요. 친구들이 모두 민수의 말에 속아 넘어가서 민수를 멋진 축구선수로 알고 멋있게 여긴다 한들, 자신만은 그것이 거짓말이라는 것을 압니다. 거짓말은 하다 보면 점점 더 커지게 마련이지요. 먼저 했던 거짓말을 덮기 위해 새로운 거짓말을 또 하게 됩니다. 이렇게 민수는 거짓말을 계속하게 될 것이고, 그것은 민수의 인성에 나쁜 영향을 미치게 될 것이 분명합니다.

반대로 민수의 거짓말이 새 친구들에게 들통이 나는 경우를 생각해봅시다. 당연히 민수에게 피해가 가겠지요.

거짓말까지 해가면서 잘난 체하는 민수를 어떤 친구가 가까이하고 싶을까요? 처음부터 민수의 거짓말은 친구들에게 잘 보이고 싶어서 시작한 것이었으니까요. 거짓말이 드러나 친구들이 등을 돌린다면 민수는 친구도 잃고, 그로 인해 파생되는 다른 소중한 것들도 잃게 될 것입니다. 그러니 처음부터 거짓말을 하지 않는 편이 민수에게 옳은 길이겠지요.

민수의 부모님이라면, 없던 일을 거짓으로 꾸며서 친구들에게 뽐내기보다는, 차라리 다른 자랑거리를 찾아보라고 가르쳐야 하겠습니다.

사례4 ★ **저, 어젯밤에 안 늦었어요**

엄마, 아빠가 엄하기로 소문난 지원이네 통금 시간은 밤 10시 반이다. 중학교 3학년인 지원이는 예전에 그 시간을 넘겨 귀가했다가 부모님으로부터 심하게 꾸중을 들은 적이 몇 번 있었다.

어젯밤 지원이는 방학을 맞이한 들뜬 기분에 친구들과 어울려 놀다가 자정이 다 돼서야 집으로 돌아왔다. 지원이는 그 시간에 들어가면 야단맞는다는 것을 각오하고 자신이 갖고 있던 열쇠로 문을 살짝 열고 들어갔다. 때마침 지원이의 부모님은 주무시고 계셨다. 지원이는 '휴우!' 안도의 한숨을 내쉬며 부모님 몰래 살금살금 자기 방으로 가서 잠을 잤다.

이튿날 아침 부모님이 지원이에게 "엄마 아빠가 어젯밤 피곤해서 일찍 잠이 드는 바람에 네가 들어오는 것을 못 보았네. 지원아, 너 어젯밤 몇 시에 들어왔니?" 하고 물으셨다. 늦게 귀가했다고 하면 부모님께 혼날 것이 두려워 지원이는 "저는 어젯밤 10시 반에 들어왔어요. 집에 와 보니 엄마 아빠가 주무시고 계시길래 저는 그냥 제 방에 가서 잤어요." 하고 거짓말을 했다.

해법 ♥ 이는 자기 자신을 보호하기 위해 부모님께 거짓말을 하는 것이죠. 거짓말을 해도 직접적인 피해자가 없어 해롭지 않은 거짓말로 여겨질 수도 있습니다. 지원이가 말한 대로 부모님은 믿을 수밖에 없겠지요.

지원이는 이렇게 거짓말로 한 번 무사히 넘어갔기 때문에 다음에도 비슷한 잘못을 하기가 쉽습니다. 그리고 좋지 않은 습관으로 굳어져 늦은 귀가 시간뿐 아니라 일상 전반에 거짓말로 번져갈 수도 있습니다.

물론 친구들과 밤늦게까지 어울리고 싶은 마음은 지원이 또래에서는 자연스러운 욕구죠. 늦게 귀가해도 이렇게 별문제가 없을 거라는 확신이 들면, 지원이는 친구들과 그 시간까지 노는 일이 잦아지게 될 것입니다. 그런데 이는 지원이뿐만 아니라 그 친구들까지 위험에 노출시키는 결과를 가져오게 됩니다.

왜냐하면 지원이 또래의 친구들이 밤늦은 시간까지 노는 것은, 대개 도움이 되는 것보다는 반대의 일이 벌어질 경우가 많기 때문이죠. 지원이의 부모님도 혹시라도 위험한 상황이 벌어질까 봐 귀가 시간에 제한을 두는 것이겠지요.

그래서, 지원이는 어젯밤 귀가 시간을 솔직하게 말씀드리고 용서를 구하는 편이 좋겠습니다. 설령 부모님으로부터 꾸지람을 듣게 된다고 하더라도 마찬가지입니다. 그리고 앞으로 같은 일이 반복되지 않도록 주의해야 하겠지요. 부모님도 이렇게 지원이가 솔직하게 얘기를 한다면 지나치게 나무라지 않는 것이 바람직하겠습니다. 진정한 교육은 잘못을 잘라내고 베어내는 것이 아니라, 따뜻한 관용에서 이뤄지는 것이니까요.

: 미국 _ 공공규칙 길들이기

가족들과 혹은 지인들과 맛있는 식사도 하고 즐거운 시간도 보내기 위해 식당에 가면 가끔은 낯뜨거운 일을 경험하게 됩니다. 앉아서 식사하는 공간인 식당에서 제자리에 앉지 못하고 테이블 사이를 오가거나 심지어 장난치며 뛰어다니는 아이들 때문에 그렇습니다.

아무리 어린아이라 할지라도 자기 자리에 앉아서 식사하고, 다른 이들이 음식을 다 먹을 때까지 자리를 지키는 것은 기본적인 식사 예절입니다. 쇼핑몰에서도 마찬가지입니다. 물론 이것저것 사고 싶은 마음에 부모님을 보채는 아이들은 당연히 많지요. 그러나 남에게 피해를 줄 정도로 막무가내로 졸라대고 소리를 지르고 쇼핑몰을 가로질러 질주한다면 당연히 제재해야 합니다.

이러한 예절은 선천적으로 타고나는 것일까요? 물론 그럴 리 없습니다. 미국의 예절 교육의 예를 들어보겠습니다. 미국의 부모님들은 다른 사람의 식사 시간에 방해가 되지 않도록 기다려야 한다는 규칙을 아이가 아주 어려서부터 반복적으로 가르칩니다. 사람이 많이 모인 곳에서는 자기의 욕구를 조금은 누르고 조절해야 하는 것 또한 반복해서 알려줍니다.

식당에서 어린아이가 큰 소리로 보채거나 의자에서 자꾸 일어나서 돌아다니면 미국인들은 무척 난처해하면서 옆자리 손님에게 정중히 사과합니다. 그래도 통제가 안 되면 식사 중이라도 아이를 데리고 나가서 진지하게 그러면 안 된다고 가르치고 돌아오는 것도 자주 볼 수 있습니다. 아주 어린 아이들에게도 마찬가지입니다.

쇼핑몰에서도 떼를 쓰거나 뛰어다니던 아이의 어깨를 두 손으로 꽉 붙잡고 눈을 마주 보면서 무서운 표정으로 아이를 야단치는 부모님의 모습도 드물지 않습니다.

중요한 것은 아이들의 행동을 마구잡이로 통제하는 것이 아니라는 점입니다. 아이들을 먼저 배려하는 환경이 조성되어 있습니다. 어떤 음식점에 가더라도 손님을 자리로 안내하면서 가장 먼저 가져다주는 것은 간단한 아이들 장난감이나 색칠 공부 등입니다. 음식을 기다리면서 지루하지 않게 놀 수 있는 것들이죠. 쇼핑몰에서도 아이들을 위한 배려는 곳곳에서 찾아볼 수 있습니다. 유모차, 음수대, 놀이 공간 등이 충분히 갖춰져 있습니다. 은행이나 병원에도 어른들이 일을 볼 동안, 혹은 기다리는 동안 아이들이 편하게 쉴 수 있는 공간이 마련되어 있습니다.

우리나라의 환경은 어떤가요?

예전보다는 훨씬 나아졌다고는 하지만 어디를 가나 어른들을 위한 공간뿐입니다. 가족 행사가 있는 큰 음식점인데도 많은 아이들이 큰 소리로 떠들고 몰려다니는 것을 흔히 볼 수 있습니다. 물론 이곳에도 아이들을 위한 공간이 여전히 없습니다. 그러니 테이블 사이사이가 놀이터가 되는 것이죠. 부모님들은 음식을 즐기고 대화를 나누는 데에 여념이 없습니다. 가끔 "OO야! 이리 와!"라는 소리가 들리기는 하지만, 아이가 그 소리를 듣고 제자리로 돌아올 리 없습니다. 옆자리 손님이 참다못해 아이에게 주의를 주면 웬 참견이냐는 듯 부모의 시선이 곱지 않죠. 이제는 부모님들의 따가운 시선 때문에 그냥 시끄러워도 참는 것이 당연한 분위기가 되었습니다.

집이 아닌 특정한 공간에서 지켜야 할 규칙이나 규범에 익숙해지도록 자녀에게 반복해서 알려주는 것은 부모님들의 몫입니다. 자녀들이 이해하고 지킬 때까지 계속 이야기해주어야 합니다. 식당이나 쇼핑몰과 같은 여러 사람이 함께 있는 공간에서는 남에게 피해를 주지 말아야 하는 것은 기본 예의입니다. 나의 시간이 소중하듯, 다른 이들도 그 공간에서 보내야 할 시간 동안은 방해받지 말아야 하기 때문입니다. 어른들이 먼저 이 사실을 철저히 인지하고 실천한다면, 그걸 보는 아이들도 자연스레 몸에 익히게 될 것입니다.

2장

용기와 결단

• 용기란 무엇인가?

'용기(courage)'는 위험 앞에서도 꿋꿋하게 나의 뜻을 굽히지 않음을 말합니다. 어려운 상황에서도 할 바를 행하는 것이지요. 포기하고 싶을 때도 참고 과감하게 나서는 것입니다. 내가 분명히 위험해질 것을 알지만, 굳건하게 맞서는 것입니다. 마음을 먹고 결단을 내리는 순간에도 용기가 필요합니다. 우유부단한 행동으로 결국 적절한 시기를 놓쳐 불행을 자초할 수도 있으니까요. 셰익스피어의 희곡 《햄릿》의 비극도 어쩌면 그의 우유부단함이 이유이지 않았을까요?

용기는 비겁함이나 비굴함과 구분되어야 하지만, 오만이나 만용을 부리는 것은 아닙니다. 꼭 용기를 내지 않아도 되는 상황인데도 용기 있는 척하는 것은 만용입니다. 용기는 무조건 앞으로 돌진하는 무모함과 저돌성과도 다르며, 때로는 2보 전진을 위해 1보 후퇴하는 것이 진정한 용기일 수 있습니다. 즉, 용퇴(勇退)이지요.

용기는 비겁과 만용의 중간, 중용을 지키는 것입니다. 새로운 일을 시작하거나 잘못을 저지른 후, 이를 인정할 때에도 필요한 것이 용기입니다. 이것이 올바른 길이라 생각이 들었을 때, 모두가 비웃고 동조하지 않아도 나 혼자 "예!"를 외칠 수 있는 것, 이는 용기 있는 사람만이 가능합니다.

용기는 '가슴의 덕'이라고 합니다. 머리로 알기보다 가슴에서 우러나오는 것입니다. 이는 자신을 잘 파악하고, 해야 할 바가 무엇인지 깊이 인식하는 일로부터 생겨납니다. 정의가 결국은 승리할 것이라는 믿음에서도 우러나오죠. 때로는 사랑이 우리에게 용기를 주기도 합니다. 사랑은 두려움에 굴하지 않을 힘을 주기 때문입니다.

• 왜 용기가 필요한가?

용기는 상황이 불확실하거나 이를 직면하는 것이 두려울 때 가져야 할 덕목입니다. 어려운 일이 생겼지만, 그 누구의 도움도 받을 수 없고, 홀로 헤쳐나가야 할 두려움이 엄습할 때가 있지요. 이때 용기는 그 과정을 헤쳐나갈 중요한 덕목이 됩니다.

만약 용기가 없다면 쉬운 일만 골라서 하게 될 것입니다. 익숙하지 않은 새로운 일, 어려운 일은 두려움 때문에 뒤로 미루게 되죠. 다른 사람의 뒤만 쫓고, 남들이 하는 일만 따라서 하게 될 것입니다. 무사안일에 빠져 쉬워 보이는 일만 하게 되는 것이죠. 새로운 도전보다는 그저 일상에 묻히게 될 것입니다.

그러나, 진리와 정의는 용기 있는 자들에 의해 발견되고 지켜져 왔습니다. 기회 또한 용기 있는 사람들의 것이죠. 설령 내 앞에 어떤 기회가 찾아와도 그걸 잡을 용기가 없으면 놓치게 됩니다. 용기 있는 사람만이 끝까지 책임을 질 수 있고, 비겁한 사람들은 책임을 회피하고, 심지어 남에게 전가하기 급급합니다.

세상의 소중한 가치를 찾아내고 지키는 용기는 때때로 큰 희생을 감수해야 할 때가 있습니다. 여기에서 '살신성인(殺身成仁)'이라는 말이 나온 것이지요. 자신을 죽임으로써 큰뜻을 이룬다는 말입니다. 어느 정도의 희생을 치를 용기가 없이는 소중한 가치를 지켜낼 수 없을 때도 있는 법이니까요.

• 어떻게 용기를 익힐까?

어렵고 두려울지라도 옳다고 생각하는 것은 행동으로 옮기려 노력해야 합니다. 잘못을 했더라도 그것을 대범하게 시인하고, 오히려 그 잘못으로부터 새로운 것을 배우며 개선하려 노력해야 합니다. 운동이나 취미, 새로운 일에 도전하는 것도 좋은 방법입니다.

'지피지기면 백전불태(知彼知己 百戰不殆)'란 말이 있습니다. 적을 알고 나를 알면, 백 번을 싸워도 위태롭지 않다는 뜻이죠. 반대로 상대가 어떤지 알지 못할수록 두려움과 위태로움이 커지는 법입니다. 내가 두려운 것이 무엇인지 이해하려 노력하고, 그것이 사실인지 오히려 상상에 불과한 것은 아닌지 확인해볼 필요가 있습니다. 타인의 도움이 필요한 일이라면 도와줄 사람이 있다고 믿어보면 어떨까요? 신은 스스로 돕는 자를 돕는다고도 했으니까요.

만약 친구가 잘못된 일을 하면서 나에게 같이 하자고 할지라도 내가 옳다고 생각하는 것의 방향성을 잃으면 안 되겠습니다. 그럴 때일수록 심호흡을 크게 하고 가슴에 용기를 모아봅니다. 두려움의 정체가 무엇인지 직접 느끼고, 돌파할 수 있는 호연지기를 키워보면 어떨까요?

가정에서도 부모님의 솔선수범은 중요합니다. 부모님의 용기와 결단력은 자녀들에게 최고의 선생님이 되어줄 겁니다. 그리고 아이들이 보여준 작은 용기도 칭찬을 아끼지 말아야 합니다. 용기 있는 행동은 그 누구라도 하기 쉽지 않은 일이니까요. 불확실한 상황에 대한 두려움 때문에 뛰는 가슴을 견뎌낸 자녀들의 용기는 진심 어린 칭찬을 받아야 합니다. 새로운 일을 시도하는 것은 성패와 무관하게 그 자체가 소중한 것임을 일깨워줘야 합니다.

새로운 음식을 먹어보고, 새로 만난 친구들에게 먼저 인사를 건네고, 어려운 책을 읽고, 평소 익숙하지 않은 일을 하는 모든 노력들을 칭찬해주세요. 재미있을 거라며 나쁜 일을 함께하자는 유혹을 이겨냈거나 진실만을 이야기하는 등의 도덕적 용기는 더더욱 칭찬받을 가치가 있습니다.

용기는 반드시 떠들썩하게 나서는 것만이 아닙니다. 내성적이고 수줍어하는 아이들에게도 조용한, 그러나 강력한 용기가 있을 수 있다고 격려해주세요.

사례1 ★ **민정이의 불량 연필**

초등학교 5학년인 민정이는 오늘 기분이 좋지 않다. 어제 문구점에서 새로 산 연필심이 자꾸만 부러져 그만 못 쓰게 되었기 때문이다.

민정이는 어제 학교에서 집으로 돌아오는 길에 동네에 있는 팬시문구점의 진열장에서 그 연필을 보았다. 거기 그려진 만화 주인공 캐릭터가 귀여워서 민정이는 얼른 그 연필을 샀다.

신이 난 민정이는 집에 돌아와 그 연필로 숙제를 하려 했지만, 연필심이 맥없이 툭툭 부러졌다. 그 연필의 겉모양은 깜찍했지만 정작 품질은 형편없었던 것이다.

민정이의 실망은 대단했다. 아니, 실망뿐만 아니라 화가 났다. 이런 엉터리 연필을 만들어서 아이들을 속이는 어른들이 미웠다.

이때 민정이의 머리에 떠오르는 생각이 하나 있었다. 언젠가 담임선생님께서 불량 제품 신고를 받는 소비자 고발 센터가 있다고 하셨다.

'그래, 이 불량 연필을 소비자 고발 센터에 신고하자. 그래서 이런 연필을 만들지 못하게 해야 해.'

화가 난 민정이가 이런 생각을 얘기했을 때 엄마는 그다지 찬성할 기분이 아니었다. 왜냐하면 엄마 또한 이런 경우를 수없이 겪어 보았기 때문이다.

"민정아, 엄마도 사실은 불량 제품 때문에 속상한 일이 많아서 여러 번 신고도 해봤는데 전혀 고쳐지지 않았어. 그래 봤자 시간 낭비에 불과해. 네가 속상한 건 이해하는데 번거롭게 신고까지 할 만큼 큰 손해를 본 것도 아니니 그냥 넘어가자, 응? 그 대신 엄마가 더 좋은 연필을 사줄게."

과연 민정이는 이럴 때 어떻게 하는 것이 옳을까?

···

해법 ♥ 엄마의 말을 듣고 민정이는 어떤 심정이었을까요? 민정이는 선생님에게 이런 불량 제품을 신고하는 소비자보호원이 있다고 배웠습니다. 하지만 엄마는 신고하려는 민정이를 말리고 있지요. 불량 연필 한 자루를 놓고 민정이는 많이 혼란스러울 듯합니다. 더군다나 평소에 믿고 따르는 두 사람, 담임선생님과 엄마의 말씀이 다르기 때문에 더 그렇겠지요.

우선, 민정이 엄마의 말에도 일리가 있다고 생각할 것입니다. 연필 한 자루, 결국 며칠이 지나면 민정이도 그 연필을 모두 잊어버릴 수도 있습니다. 작은 것 하나 때문에 소비자보호원으로 연락하는 것도 번거로운 일입니다. 그 시간에 다른 일을 하는 것이 오히려 더 좋을 것으로 생각할 수도 있지요.

하지만 민정이가 선택할 수 있는 두 가지의 행동 중에서 바람직한 것은 불량 연필을 소비자보호원에 연락해서 신고하는 것이 아닐까 합니다. 이 행동이 옳다는 것은 그저 민정이가 선생님의 말씀에 따라서가 아닙니다. 불량 문구류를 그냥 덮고 지나가기보다 신고하는 것이 여러 사람들의 이익에 맞는 행동이기 때문입니다.

민정이처럼 불량 연필과 문구류 때문에 불쾌한 경험을 했던 이들이 많았을 것입니다. 개인에게는 단지 연필 한 자루의 문제일 수 있겠지만, 이를 소비자보호원에 신고하는 것을 하찮게 여긴다면 이후 다른 사람들도 똑같은 피해를 경험하게 될 것입니다. 연필 한 자루의 불편함 정도로 끝날 수도 있는 작은 경험들이 모이면, 전체 소비자들을 놓고 보았을 때 커다란 피해가 될 수 있지요.

소비자는 불량 상품을 고발할 권리와 그에 대한 보상을 요구할 권리가 있습니다. 따라서 민정이가 소비자보호원에 신고하는 것은 소비자로서의 권리를 정당하게 행사하는 것이고, 반대로 그렇게 하지 않는 것은 마땅한 권리를 포기하는 것입니다.

이 경험은 민정이의 소비자 권리를 인식하게 해줄 좋은 계기가 될 것입니다. 아울러 초등학생 민정이가 소비자의 권익을 보호하기 위한 단체를 조직할 권리에 대해 알게 되는 경험일 수도 있고요.

비록 민정이가 적극 신고한다고 해서 불량 문구가 당장 시장에서 사라지는 것은 아닐 것입니다. 하지만 사소해 보이는 소비자의 작은 권리라도 많은 사람들이 인식하고 주장한다면, 사회 전반에 물결처럼 퍼져나갈 것은 자명한 일입니다.

소비자의 권익은 그들이 권리를 스스로 알고 함께 지켜나갈 때 든든하게 보호받을 수 있습니다. 부모님들도 아이의 작은 권리를 지키는 일에 함께해주세요. 당장은 불편하고 번거롭게 느껴질지 모르지만, 그로 인한 교육적인 효과는 생각보다 훨씬 가치 있을 수 있습니다.

사례2 ★ 아무에게도 알리지 말아 줘

지혜의 표정이나 태도를 보아서는 오히려 이전보다 조금은 밝아진 듯하다. 그러나 지난 주 지혜가 승희에게 알려준 디데이(D-day)는 바로 이틀 후로 다가오고 있었다.

두 주째 지혜는 학교만 빠지지 않고 나오고 있을 뿐 방과 후엔 친구들과 일절 어울리지도, 등록된 학원에도 나가지 않고 있다. 그저께는 가장 소중히 여기는 물건인 블루투스 이어폰을 승희에게 건네주었다.

승희는 지혜와 중학교 1학년 때 같은 반이었고 3학년에 올라와서 또다시 같은 반이 되었다. 3학년이 되어서 만난 지혜는 1학년 때와는 완전히 다른 아이가 되어 있었다. 다른 아이들보다 훨씬 어른스러워 보였고 얼굴에는 늘 짙은 그림자가 드리워져 있었다. 누구와 얘기를 나누지도 않았고 주위 친구들에게는 관심조차 없었다. 그러나 1학년 때 만나서 쪽지 편지로 친해진 승희에게는 가끔 다가와 자신의 얘기를 조금씩 털어놓곤 했다. 이전의 지혜는 학교생활이나 가정환경에 그다지 큰 불만은 없는 모습이었다.

그러나 3학년이 되어 만난 지혜는 부모의 이혼이라는 큰 변화를 겪은 상태였다. 부모가 이혼한 후 엄마는 미국으로 가셨고 아빠가 재혼하면서 할머니와 함께 살고 있었다. 지혜는 날이 갈수록 부모로부터 버림을 받았다는 생각이 깊어졌고 자신에게 관심을 보이는 사람은 주위에 아무도 없다고 생각하고 있었다.

지난주 초, 등굣길에서 만난 지혜는 승희에게 지난 몇 달 동안 자신은 늘 죽음에 대해 생각해왔으며 구체적인 계획이 세워져 있다고 했다. 이다지도 무의미하고 힘겨운 삶을 이제는 끌고 가고 싶지 않다고 단호히 말하며, "너는 이 세상에서 날 이해해주는 유일한 사람이야. 네가 날 진정한 친구로 여긴다면, 내가 죽을 때까지 아무에게도 이야기하지 말아 줘."라는 당부를 했다.

승희는 그동안 지혜의 생각과 감정들에 대해 충분히 공감할 수 있었다. 그런 까닭에 지혜의 부탁을 차마 거절할 수가 없었다. 친구와의 약속을 이행함으로써 자기 한 사람이라도 이 세상에 그녀를 이해하는 사람이 있다는 것을 보여주고도 싶었다.

그러나 승희는 자살이 왜 나쁜지는 잘 모르겠으나 아무래도 목숨을 끊는다는 것은 최악의 선택이라는 생각이 들었다. '자살이 아니고는 이 어려운 현실을 이겨낼 방법이 정말 없을까?' 뭔가 다른 길이 있다면 승희는 지혜의 자살만은 막아보고 싶다는 생각이 간절했다.

그렇지만 만약 지혜의 자살 계획을 선생님이나 지혜의 가족들에게 알린다면, 이번의 자살 계획은 막을 수 있을지 모르나 지혜가 언제든지 또 시도할지 모르며, 그땐 승희에게조차 알리지 않을 것이 분명했다. 지혜의 디데이가 바로 내일모레로 다가오고 있었지만 승희는 이 사실을 주변 사람들에게 알려야 할지 말아야 할지 결정하지 못하고 있다. 승희는 과연 어떻게 해야 할까?

....

해법 ♥ 사람은 자신의 삶과 죽음에 대해서 스스로 결정할 수 있는 권리를 가지고 있습니다. 내 몸에 대한 결정권은 일차적으로 본인에게 있습니다. 지혜도 아마 이를 알고 있었을 겁니다. 그러나 이것이 다른 사람들은 나의 삶과 죽음에 간섭할 권리가 없다는 것을 의미하는 것은 아닙니다.

우리 사회는 법이라는 제도적인 장치를 통해 사회 구성원의 생명을 보호하고 있습니다. 누군가 다른 사람의 목숨을 빼앗을 경우 살인죄를 적용해 처벌하는 것이 그 한 예가 될 수 있겠네요. 마찬가지로 법은 우리 사회 구성원이 자기 자신으로부터도 해를 당하지 않도록, 즉 자살로부터 우리를 보호하고 있기도 합니다.

예를 들어 환자가 아무리 죽기를 바란다고 해도 현재 우리나라에서는 의사가 환자의 자살을 돕거나 방조하면 처벌을 받게 되죠.

물론 이에 대해서 타인이 간섭할 권리가 어디까지 들어올 수 있을지 명확히 선을 그을 수는 없습니다. 그러나 친구의 자살을 알고도 그냥 방조했다는 죄책감은 승희에게도 견디기 어려운 일이 될 것입니다. 두고두고 괴로워하고 후회할 것이 명백합니다.

지혜가 자살을 결심한 것은 자신의 삶은 가치가 없다는 생각에서 비롯되었을 것입니다. 더 살 가치가 없다고 여겨지는 삶. 그 가운데에서 힘들어했을 지혜의 모습에 마음이 아픕니다. 그러나 인간의 생명은 그 자체로 소중합니다. 그렇기에 생명을 지키기 위하여 모든 수단을 다 강구해야 하지요. 지혜의 삶은 지혜만의 것이기도 하지만, 주위의 가족, 친구들의 삶과도 연결되어 있습니다. 그래서 그 연결고리로 지혜의 삶을 끌어주어야 합니다.

혹은 지혜가 감정적으로 불안정한 상태에서 결정을 내린 것이 아닐까 우려도 됩니다. 이런 경우는 지혜에게 다른 이들이 도움의 손길을 내밀어야 합니다. 승희도 가능한 모든 방법을 동원하여 지혜의 마음을 돌리도록 노력해야 합니다. 무엇보다도 지혜는 혼자가 아니라는 것을 느끼게 해주는 것이 중요하겠습니다. 용기를 내는 데에 가장 큰 엔진은 '사랑'이니까요.

....

사례3 ★ 그냥 당하고만 있어야 하나요?

초등학생인 병수는 온순하고 내성적인 성격이다. 병수는 친구들과 어울려 밖에서 운동을 하기보다 집에서 책을 읽거나 게임기를 가지고 놀기를 좋아한다.

어느 날 병수는 그동안 모은 용돈으로 평소 갖고 싶어 하던 게임기를 샀다. 병수는 기분이 좋았다. 그런데 같은 반 석우가 그 게임기를 강제적으로 빼앗다시피 해서 빌려 갔다. 석우는 자기보다 힘이 약한 아이들을 괴롭히기로 악명이 높다.

다음 날 석우는 학교에 오더니 병수에게 어제 그 게임기를 잃어버렸다고 대수롭지 않은 듯 말했다. 병수는 너무 속이 상해서 돈으로 물어내라고 했으나 석우는 며칠이 지나도록 아무런 대답이 없다. 병수는 석우에게 따져볼까 했으나 석우의 공격적인 성격과 행동 때문에 차마 용기가 나지 않는다.

이런 상황에서 병수는 어떻게 해야 할까?

....

해법 ♥ 병수가 만만치 않은 친구를 만났군요. 석우가 보상할 때까지 더 기다리거나, 돌려받기 힘들 것 같아서 게임기를 포기하고 사건 자체를 아예 없던 것으로 할 수도 있겠습니다. 이러면 당장 석우와의 충돌은 피할 수 있겠지요. 하지만 이렇게 대처한다면 이후에 또 이런 일을 당할 가능성이 있습니다.

또 비굴하지만, 석우의 비위를 맞추는 방법도 있을 겁니다. 이러면 과연 게임기를 돌려받을 수 있을까요? 병수는 어느 쪽을 택하든 원하는 결과를 얻지 못할 것입니다.

한편 부모님이나 선생님께 이 일을 말씀드려 문제를 해결하는 방법을 생각해볼 수 있을 것입니다. 병수의 부모님이나 선생님이 협조해주셔서 게임기를 돌려받을 수 있겠지요. 나아가 석우가 병수를 함부로 대하지 못하게 될 수도 있습니다.

그런데, 어른들에게 도움을 요청하기 전, 용기를 내어 석우에게 게임기를 돌려 달라거나, 돈으로 물어내라고 당당하게 요구해보면 어떨까요? 석우의 행동은 멀쩡한 병수의 물건을 갈취한 것과 다름없습니다. 즉, 범죄의 영역이라는 의미입니다. 병수는 이와 같은 사실을 명확하게 파악하고 있어야 합니다.

그러나 막상 이런 상황에 부닥치면 용기를 내어 직면하기보다는 피하고 싶은 심정이 되기 쉽습니다. 폭력에 굴하지 않고 자기 권리를 지켜내는 용기가 필요한 때입니다.

석우의 폭력이라는 공포 상황에 맞서야 합니다. 때로는 참고 무시하는 것이 현명한 방법일 때도 있지만, 지금 병수는 불의에 맞서야 하는 상황입니다.

이때 자녀들이 옳지 않은 상황임을 알고 용기를 낸다 해도 실제로 행동으로 옮길 물리적인 능력을 갖추지 못한다면 움츠러들기 마련이겠지요. 따라서 부모님들은 자녀들이 스스로 자신감을 갖고 위험 상황에서 자신을 보호할 수 있도록 태권도나 검도와 같은 호신술을 미리 가르치는 것도 좋은 방법일 것 같습니다.

....

사례4 ★ 엄마, 한번 도전해보고 싶어요

다희는 초등학교 4학년의 귀여운 여학생이다. 이번 가을 개교 기념일을 맞이하여 다희네 학교에서는 글짓기 대회가 열린다. 담임선생님께서는 글짓기 대회 참가를 원하는 학생은 이번 주말까지 신청하라고 말씀하셨다. 친구들은 별로 그런 것에 관심을 보이지 않았지만, 다희는 글짓기 대회에 나가 보고 싶었다.

그러나 다희는 전에 글짓기 대회에 한 번도 나가 본 적이 없었을 뿐만 아니라, 설령 글짓기 대회에 나간다 해도 잘할 수 있을지 별로 자신이 없었다. 다희는 결국 이 문제를 엄마와 상의하기로 했다.

"엄마, 나 이번 글짓기 대회에 나가도 돼요?"

"그게 무슨 말이니?"

"나가고 싶은데 상을 탈 자신이 없어서……."

다희는 넌지시 글짓기 대회에 나가고 싶다는 의향을 전하면서도 내심 머뭇거리는 기색이 역력했다. 상을 탈 자신이 없어서 이럴까 저럴까 아직 결정을 못 내리는 상태였던 것이다. 엄마가 포기하라고 하면 두말없이 그만두려고 결심하고 있는 것 같았다.

당신이 만약 다희의 엄마라면 이럴 때 딸에게 어떻게 대답해주어야 할까?

 해법 ♥ 여기에서 중요한 것은 다희가 글짓기 대회에 나가 보고 싶어 한다는 것입니다. 만약 엄마의 바람이었다면 다희가 원하지 않는데도 강요하는 상황이었겠지만, 지금 상황은 다희가 스스로 나가고 싶어 하는 것이죠.

이처럼 자녀들이 적극적으로 어떤 일을 하고 싶어 하면, 부모님들은 새로운 것을 시도하는 용기를 추켜세워주면서 적극적인 후원자가 될 수 있어야 합니다. 자녀가 도전하려는 일이 무모하거나 쓸데없는 일이라 여겨지면 한 번 더 이야기를 나눠보면서 상황을 판단해야겠지만, 글짓기 대회는 충분히 도전할 만한 가치가 있는 일이지요. 다희도 상을 탈 자신은 없다고 했지만, 새로운 일에 도전하는 용기는 칭찬해주어야 합니다.

용기는 전쟁터와 같이 목숨을 걸어야 하는 대단한 상황에서만 필요한 것이 아닙니다. 새로운 것에 도전하는 것도 큰 용기입니다. 그만큼 자신의 발전 가능성을 열어 놓는 일이지요.

새로운 것에 대한 도전 의식이 강한 사람은 과정에서 실패를 경험한다 하더라도 세상을 바라보는 관점과 경험의 폭이 넓어집니다. 다희는 어쩌면 글짓기 대회에서 좋은 성적을 거두지 못할지도 모릅니다. 그 때문에 실망할 수도 있고요. 그렇다 하더라도 부모님은 글짓기 대회에 참가하도록 용기를 북돋워주는 것이 바람직한 태도라 할 수 있겠습니다.

여기에서 좀 더 가시적인 목표를 설정할 수 있도록 글짓기 대회에 나가서 입상하면 부모님도 특별한 상을 준비해서 주면 어떨까요? 비싸고 거창한 보상보다는 다희의 도전과 용기, 성취를 축하할 수 있는 의미 있는 선물 말입니다.

반대로 글짓기 대회에서 상을 받지 못했을 경우는 어떨까요? 이때도 마찬가지로 다희의 도전과 노력을 칭찬하는 의미에서 격려와 함께 작은 선물을 마련해주는 것도 좋을 듯합니다. 자신이 열심히 노력한 것 자체를 부모님이 기뻐하며, 그런 노력에 대해 부모님의 보상이 주어지는 것은 좋은 선례가 될 수도 있기 때문이죠. 더 중요한 것은 부모님의 축하와 함께 선물을 받은 다희는 앞으로도 새로운 것에 도전하기를 두려워하지 않는 용기를 가질 수 있게 된다는 것입니다.

: 이스라엘 _ 자신감을 심어주며 강하게 키운다

유태인들은 매우 낙천적입니다. 그들은 어떤 일이든 쉽사리 나쁘게 생각하거나 절망하지 않죠. 그들은 난관에 봉착하면 입버릇처럼 이렇게 말합니다.

"시간이 흘러 때가 되면, 다 해결될 것이다."

어둠이 지나면 빛이 찾아들듯이 어떤 어려운 일도 그 고비를 참고 견디면 잘 해결된다는 얘기죠.

이 말은 그저 될 대로 되라는 식의 생각이나 모든 것을 운명으로 돌리는 태도에서 나온 말이 아닙니다. 그 말 속에는 어둠이 물러나고 빛이 찾아드는 아침을 맞기 위해서는 언제나 준비하고 노력하면서 때를 기다려야 한다는 의미가 숨겨져 있습니다.

어둠은 유태인들의 정서에 있어서 매우 중요한 의미가 있습니다. 이스라엘에서는 안식일도 금요일 해가 질 무렵부터 시작하고 모든 명절도 저녁에 시작합니다. 심지어 결혼식도 밤에 치르지요. 그래서 어둠을 잘 견뎌내면 반드시 아침이 오듯 어떤 어려운 일도 그 고비를 참고 견디면 잘 해결된다고 믿습니다.

'시간이 흘러 때가 되면, 다 해결될 것이다.'라는 유태인들의 이러한 사고방식은 일상생활뿐만 아니라 그들의 자녀교육에도 커다란 영향을 미치고 있습니다. 그들이 아이들에게 가장 많이 하는 말 중 하나는 "그래, 넌 할 수 있어! 지금은 이렇지만, 시간이 흐른 뒤엔 반드시 잘할 수 있을 거야."입니다.

가령, 집안에서 부모님에게 자주 야단맞는 말썽꾸러기가 있다고 합시다. 유태인 부모님들은 그 아이의 잘못을 그때그때 따끔하게 꾸짖어주는 것에는 철저합니다. 그렇지만 "넌 도대체 싹수가 없구나.", "그래 가지고 커서 뭐가 되겠니?" 같은 말을 해서 아이의 사기를 떨어뜨리지는 않습니다. 대신 그들은 아이의 머리를 쓰다듬어주거나 등을 다독여주면서 "넌 잘할 수 있을 거야. 지금은 약간 부족하지만, 시간이 흐른 뒤에는 분명히 세계의 일인자가 되어 있을 거야."라고 말해주지요. 아이가 실수한 경우에도 "그거 별것 아니야."라고 말하면서 아이의 마음을 다독거려줍니다.

이렇듯 유태인들이 어린아이들에게 자신감과 희망을 심어주는 것은, 아이들이 훗날 어려움에 직면했을 때 자신감이 고난을 극복할 힘을 키워 줄 것이라는 믿음 때문입니다.

유태인들의 역사가 순탄하지 않았다는 것은 누구나 다 아는 사실이지요. 박해와 유랑의 역사를 극복하고 오늘에 이른 유태인들은 언제 또다시 과거와 같은 역경에 부딪힐지 알 수 없는 상황에 직면해 있기 때문에, 나라와 민족을 지키며 살아남기 위해서는 아이들을 강인하게 키울 수밖에 없다고 생각합니다. 흔히 유태인들의 교육을 스파르타식 교육이라고 말하는 이유가 여기에 있습니다.

유태인 부모들은 아이를 온실 속의 화초처럼 키우는 경우가 거의 없습니다. 만일 유약한 아이가 있다면 어떤 악조건이나 고난 속에서도 꿋꿋하게 살아남을 강인한 아이로 자라날 수 있도록 험난한 환경 속에 아이를 내몹니다. 그렇게 하는 것이 아이를 진정으로 위하는 길이라고 믿기 때문이지요. 유태인 부모들은 아이들이 혼자서 문제를 해결하도록 온갖 방법과 지혜를 다 동원하고, 그것을 기필코 혼자 힘으로 해결하도록 돕습니다.

유태인 아이들은 워낙 이런 환경에 익숙해 있기 때문에 자기가 해내기 어려운 일에 직면해도 그것을 하지 않겠다고 회피하거나 부모에게 그 일을 해 달라고 미루는 법이 결코 없습니다. 부모들 또한 설령 아이들이 부탁을 하더라도 웬만하면 들어주지 않습니다. 또한 유태인 부모들은 아이들이 강한 사람으로 성장하기 위해서는 무엇보다도 마음이 당당하고 희망에 차 있어야 한다고 생각합니다.

희망과 자신감을 가슴에 품고 있는 유태인 아이들은 어떤 어려움 앞에서도 굴하지 않고 난관을 용기 있게 극복할 수 있는 강인한 사람으로 성장해갑니다. 그렇게 자란 아이들이 훗날 "시간이 흘러 때가 되면, 다 해결될 것이다."라는 말을 입버릇처럼 하는 유태인이 되는 것입니다.

3장

예의와 겸손

• 예의란 무엇인가?

우리는 예로부터 '사양하는 마음이 예의의 실마리'라고 배워왔습니다. 사양하는 마음의 본질이 겸손에 있다면 이는 모든 예의와 예절의 전제 조건이라 하겠지요. 또한, 동양에서는 인, 의, 예, 지(仁, 義, 禮, 智)를 네 가지 주요 덕목으로 가르치고 있습니다. 이 중에서 인, 의, 즉 사랑과 정의가 덕목의 내적인 기본 정신이라면, 이를 시간과 장소 즉 상황에 적절하게 외적으로 표현하는 것이 '예의'이며 이와 함께 상황을 분간하는 능력을 '지혜'라고 부릅니다.

예의는 상냥하고 훌륭한 매너, 즉 몸가짐과 태도를 보이는 것입니다. 타인을 배려하고, 행동은 고상하며, 그 안에서 나쁜 아니라 다른 이들의 품위와 품격, 격조마저도 함께 드높이게 됩니다. 예의를 지키면 상대방은 존중받는다는 느낌을 갖게 되고, 깊은 인상을 받게 되지요. 그런데 친구나 친족들 사이에서는 기본적인 예를 갖추게 되지만, 낯선 이들은 그냥 지나치기 십상입니다. 바로 그런 점 때문에 모르는 타인에게 예의를 갖추는 것은 더욱 중요한 일입니다.

"실례합니다.", "감사합니다.", "죄송합니다."

이 말들은 지나가는 빈말이 아닙니다. 큰 노력을 들이지 않고도 주변 사람들을 기분 좋게 만드는 예의 바른 표현입니다. 이 짧은 한 마디로 큰 대접을 받는 느낌을 줍니다. 요즘은 많이 나아졌습니다만, 우리나라 사람들은 이런 인사에 조금 인색하기도 합니다.

다른 사람이 이야기하고 있을 때 끝까지 경청하는 것도 상당히 중요한 일입니다. 말을 중간에 막지 않고 예의를 지키는 것은 말로써 예의를 표현하는 것 못지않습니다. 부모님, 선생님, 연장자는 물론 후배나 나이 어린 이들의 말도 존중하여 끝까지 듣는 일은 상대방에 대한 존경심을 담고 있기 때문입니다.

• 왜 예의가 필요한가?

예의를 지키는 가운데 서로의 인간적 친밀감과 유대를 공고히 다질 수 있습니다. 예절은 자석과도 같이 다른 사람들을 끌어당기는 매력을 지니고 있습니다. 그러나 너무 지나치게 공손하거나 불편할 정도로 깍듯한 예절은 오히려 기본 정신에 어긋납니다. 과공비례(過恭非禮), 즉 지나치게 공손한 것은 예절에 어긋난다는 말도 있으니까요.

예의를 갖추지 않으면 상대방의 자존심에 많은 상처를 줍니다. 그러면 그 사람은 나와 별로 마주치고 싶지 않겠지요. 이렇게 거친 태도를 지닌 이들은 점점 주변에서 고립됩니다. 그렇다고 지나치게 세련미를 과시하고, 매끄러운 태도를 자랑하는 것도 문제가 됩니다. 예부터 군자는 '문질빈빈(文質彬彬)'이라고 했습니다. 즉 외적인 교양과 내적인 수수함을 고루 갖추어야 존경할 만한 사람이 된다는 뜻입니다.

인간은 아주 예민한 존재입니다. 인간의 감정은 매우 미묘하고, 상처받기 쉽습니다. 타인을 대할 때 예를 갖춘다면 이런 민감한 감정도 지켜주고 상처를 주고받는 일도 적어집니다. 귀중한 도자기를 소중히 다루듯 감정도 같은 이치입니다. 부드러운 태도를 갖춘 이들이 사회에 많아질수록 편안하고 부드러운 세상이 될 것입니다. 거친 사람들은 전혀 인식하지 못하는 사이에 타인에게 두려움과 상처를 줍니다. 한 번 깨진 도자기가 다시 원상복구 되지 않듯, 사람 간의 관계도 한 번 깨지고 상처받으면, 되돌려 놓기가 무척 어렵다는 것을 명심해야 합니다. 거친 사람들이 많아지면 두말할 나위 없이 세상은 황폐하고 삭막해지게 될 테니까요.

• 어떻게 예의를 익힐까?

예의는 몸에 밴 행동이나 언어를 통해 표현됩니다. 예의 바른 행동과 언어는 하루아침에 만들어지듯 익히는 것이 아니라 오랜 시간 동안 반복하면서 습관이 되고 생활 속에서 배어 나와야 합니다. 어린 시절부터 가정에서 예절을 익히고, 사고가 유연한 초등학교 과정에서 예의를 배워야 하는 중요한 이유지요.

예의 바른 말을 익히려면 그 말을 자주 반복해서 사용해야 합니다. 타인에게 불편을 끼쳤을 때에는 마음을 다해 "죄송합니다."라고 사과하고, 상대방이 양해해줄 때까지 참을성 있게 기다리는 훈련이 필요합니다. 예절은 행동이 타인에게 어떤 영향을 미치는지 살피고, 편안하도록 배려하는 것입니다. 다른 이들에게 부탁할 일이 있을 때는 명령하듯 하기보다는 간단한 한 마디라도 정중히 요청하는 어조로 말하는 것이 중요하겠습니다. 누군가가 나에게 호의를 베풀었다면 반드시 "감사합니다." 혹은 "고맙습니다."로 응대하고, 처음 마주쳤다 하더라도 무뚝뚝한 얼굴보다는 웃는 모습을 보여주며 인사를 건네거나 목례라도 하면 분위기는 훈훈해지겠지요.

학교에서는 선생님이 말씀하실 때 주목하여 귀를 기울입니다. 수업 시간에는 친구들과 장난을 치거나 다른 행동을 하는 것은 자제해야겠지요. 학급의 일에는 성의를 다해서 참여하고, 같은 반 친구들을 배려하는 마음 또한 잊으면 안 되겠습니다.

요즈음, 학교 폭력이나 왕따와 같은, 나보다 약한 친구들을 무시하는 것을 넘어 단체로 폭력을 가하고 희생양으로 삼는 일은 하루빨리 청산되어야 할 것입니다. 집단 괴롭힘으로 교실은 정글의 법칙이 지배하게 됩니다. 왕따와 학교 폭력은 최악의 인권 유린으로 교정에서 뿌리 뽑아야 할 일입니다. 이것이 바로 학교에서의 가장 큰 '예절'입니다.

사례1 ★ 예의 없는 말과 욕설

초등학교 6학년 정민이는 부모님이 스마트폰을 사준 이후부터 카카오톡으로 친구들과 수다 떠는 재미에 푹 빠져 있습니다. 부모님은 정민이가 하루에도 몇 시간씩 스마트폰을 붙잡고 카톡으로 수다 떤다고 혼도 내고 잔소리도 하지만, 정민이는 "친한 친구들끼리 단체 톡방을 만들어 거기서 친구들과 하고 싶은 얘기도 실컷 하면서 스트레스를 푼다."고 대답니다. 그러면서 친구들이랑 대체 무슨 얘기를 그리 나누는 건지 좀 보자고 하면 기겁을 하고 방으로 도망가 문까지 잠그기도 합니다.

사춘기에 접어든 아이들이니 부모보다 친구가 좋을 때고, 또 아이들에게 따돌림을 당해 친구가 없는 것보다 낫겠다 싶기도 해서, 못마땅하지만 엄마, 아빠는 그저 소극적으로 제지만 할 뿐이었습니다.

그런데 어느 날, 딸이 한참 카톡으로 친구들과 수다를 떨고 있다가 휴대폰을 내려놓고 잠시 자리를 비운 사이, 엄마는 애들끼리 무슨 얘기들을 나누는지 궁금해서 정민이의 카톡 내용을 슬쩍 보게 되었습니다. 아주 잠깐 본 내용이었지만 엄마는 깜짝 놀라지 않을 수 없었습니다.

어릴 때부터 언어 예절과 말의 중요성을 강조하고, 항상 말을 바르게 하고 욕설은 절대 하지 말라고 가르쳐왔고, 부모인 자신들 앞에서 정민이가 욕설을 하는 것을 본 일이 없었기 때문에 더욱 충격이 컸죠. 정민이의 단톡방 친구들은 물론이고 정민이까지도 아무렇지 않게 욕설을 하고, 심지어 '패드립'이라는 부모 및 가족과 관련된 비하 발언까지 있었기 때문입니다.

너무 놀라서 가슴이 두근거리고 정민이 얼굴을 보면 뭐라고 말해야 할지 엄마는 눈앞이 캄캄했습니다.

정민이 엄마는 어떻게 해야 할까요? 어떻게 하면 정민이가 예의 바른 말을 사용하고 욕설을 멈추게 할까요?

· ·

해법 ♥ 요즘 청소년들이 대화하는 것을 듣고 있으면 난감할 때가 많습니다. 각종 욕설과 속어가 난무하기 때문입니다. 게다가 수업 시간에 발표를 시켜보면 자신의 생각을 논리정연하게 말하는 친구 또한 그다지 많지 않습니다. 한 철학자는 "언어는 존재의 집"이라 했습니다. 우리가 일상에서 매일 쓰는 말이 우리의 삶과 인생을 좌우한다는 뜻입니다. 악마의 언어를 쓰면 우리의 인생은 지옥이 되고, 천사의 말을 쓰면 우리의 인생이 천국이 되는 것입니다. 더 중요한 것은, 언어는 말로 뱉는다고 사라지는 것이 아니라 우리의 행동을 규정하고 생각을 반영하기 때문에 언어생활의 중요성은 아무리 강조해도 지나치지 않습니다.

정민이는 그래도 어릴 적부터 부모님으로부터 바른말의 중요성을 어느 정도 교육받은 아이라 친한 친구 외에는 욕설을 쓰지 않으려고 노력할 것입니다. 하지만 말과 언어는 생각의 표현이고, 쉽게 습관화되며, 언어의 변화가 다시 생각의 변화를 가지고 올 수도 있기 때문에, 부모님이 알게 된 이상 가만히 두고 볼 일은 아닙니다.

먼저 정민이의 카톡 대화를 보게 된 상황을 잘 설명하면서 부모님은 정민이가 왜 욕설과 '패드립'을 하는지 들어봐야 할 것입니다. 정민이의 행동을 비난하지 말고, 차분히 대화를 통해 정민이가 속마음을 말할 수 있도록 하는 것이 중요하겠죠.

그냥 친구들이 쓰니까 별생각 없이 따라 하는 것일 수도 있고, 자기는 욕설을 하기 싫지만 단톡방 친구들에게 밉보일까 봐 억지로 하는 것일 수도 있고, 그것도 아니면 부모님께 잔소리 듣고 욱하는 마음에 가족을 비하한 경우일 수도 있을 것입니다. 모두 사춘기 아이들에게 있을 법한 일입니다. 가족과의 관계보다 친구와의 관계가 더 중요해지는 시기니까요.

실제로 '한국교육개발원' 조사 자료에 따르면, 청소년들이 욕설을 사용하는 이유는 '습관이 되어서'가 25.7%, '친구들이 사용하니까' 18.2%, '말로 스트레스를 풀기 위해' 17%, '친구끼리 친근감을 나타내기 위해' 16.7% 등, 친구와 또래의 영향이 큰 것으로 나타나기도 했죠.

정민이의 이야기를 듣고 부모님은 우려한 것보다 큰 걱정이 아니라고 생각할 수도 있을 것입니다. 그럼에도 정민이에게 나쁜말이 습관이 되었을 때, 겪을 수 있는 크고 작은 부정적인 상황에 대해 스스로 생각해보고 문제의식을 느끼도록 도와주어야 합니다. 특히 최근에 자주 문제시되고 있는 단톡방에서의 대화를 캡처한 것이 폭력의 증거로 사용되어 엉뚱하게 가해자 혹은 피해자가 되는 경우도 생각해봐야 할 것입니다.

또 하루에 휴대폰 사용 시간을 정해 놓고 그 시간을 지키는 훈련도 함께 하는 것이 좋겠습니다. 우리는 보통 가정에서 일정한 룰을 정하고 그것을 지키는 관행에 익숙하지 않죠. 이런 것은 가장 작은 단위의 법치주의 훈련이라 할 수 있습니다. 따라서 엄마와 정민이가 휴대폰 사용 시간을 함께 정하고 그것을 지키지 못했을 때 어떤 벌칙을 받을지도 함께 정하면 정민이가 좀더 책임감을 가질 수 있을 것입니다.

나쁘고 거칠고 욕설 가득한 말이 오가는 환경을 조금씩 벗어날 수 있도록 아름다운 언어가 가득한 시집이나 에세이를 부모님이 직접 사서 정민이에게 선물해주는 것도 좋을 것 같습니다.

··

사례2 ★ 선생님에게 반항한 성원이의 행동

중학교 1학년인 성원이는 요즘 유튜브에 푹 빠졌습니다. 다른 친구들이 모두 그렇듯 모든 정보를 유튜브에서 얻곤 하지요. 그런데 아직 만 14세가 되지 않아 유튜브를 엄마와 같은 계정으로 쓰고 있어서 검색창을 클릭하면 성원이가 무엇을 검색했는지 알 수 있습니다. 엄마도 아무리 자식이지만 개인의 비밀을 훔쳐보는 것 같아서 괜찮겠냐고 물었지만, 성원이는 상관없다며 쿨하게 넘어갔습니다.

그런데, 어느 날 엄마는 검색창을 보다가 깜짝 놀랐습니다.

'담임이 개짜증날 때', '담임을 죽이고 싶을 때', '담임에게 복수'.

엄마는 '이거 큰일 났구나!' 하는 생각에 기회를 봐서 함께 조용히 대화할 시간을 내보기로 했습니다. 다행히 성원이는 왜 이런 마음을 가지게 되었는지 엄마에게 조곤조곤 이야기하기 시작했지요.

예전에 지각을 한번 한 적이 있었는데, 마침 그날 화장을 좀 하고 간 날이었다고 합니다. 그런데 담임선생님이 그걸 보시고는, "학교는 지각하면서 화장은 곱게도 할 시간은 있었니?" 하고 말씀하셨답니다. 성원이는 그 말을 듣는 순간, 친구들 앞에서 많이 창피했을 뿐만 아니라 마음의 상처가 됐나 봅니다.

그 이후로도 수학시간에 어쩌다가 실수로 벌점을 받게 되었는데, 담임선생님이 화장품 파우치를 압수하셨다고 합니다. 자기뿐만 아니라 요즘 중고등학교 여학생들에게 화장품은 거의 자존심과도 같은 것인데 그걸 압수하셨다며 아이는 억울하다는 듯이 말했습니다. 그러면서 그때 너무나 화가 나서 교탁 위에 화장품 파우치를 탁! 놓고는 뒤돌아서면서 조그만 소리로 한마디 했다고 합니다. "아, 씨! 열나 짜증나네!"하고요.

성원이는 나름대로 선생님께 반항(?)하는 의미였다는 것은 이해되지만, 그래도 어른이자 선생님에게 욕설을 내뱉는 학생들의 마음은 어디에서부터 다듬어야 할지 막막했습니다. 그리고 선생님들도 감정을 지닌 인간이기에 아이들과의 소통이 가끔은 매끄럽지 않을 때도 있을 것입니다. 성원이뿐만 아니라 학교 안에서 선생님과의 관계가 점점 심각해지고 있는 요즘 세태에 대해서 부모로서 어떻게 교육시켜야 할지 해답을 얻고 싶습니다.

해법 ♥ 지금의 부모 세대가 학교를 다니던 시절에는 감히 선생님의 권위에 도전하거나 반항할 수 없는 분위기였습니다. 간혹 성숙하지 못한 인격을 가진 선생님들로부터 학생들이 상처받고 피해를 입어도 무조건 참을 수밖에 없는 환경이었습니다. 심지어 집에 와서 선생님의 부당함을 호소해도 부모님들도 무조건 학생이 잘못한 것이라고 아이를 나무라기도 했죠.

하지만 지금은 학생 인권에 대한 어른들의 시각도 예전과 달라졌고, 학생들 스스로도 선생님들로부터 받는 차별적 언행이나 폭력적 행동에 대해 민감하게 대응합니다. 그렇기 때문에 부모는 아이들이 아직은 미숙한 감정과 이성을 잘 다스릴 수 있도록 곁에서 코칭해줘야 합니다.

우선 부모는 성원이의 행동을 비난하고 나무라기에 앞서 성원이가 그런 행동을 하게 된 이유를 부분적으로 공감해주어야 할 것입니다. 많은 친구들 앞에서 모욕감을 느끼고 자신에게는 소중한 물건을 압수당했으니 성원이 입장에서는 담임선생님이 미울 수밖에 없었을 테니까요. 이런 성원이의 감정에 대해서 일차적으로 부모는 공감해주고 다독여줄 수 있어야 합니다.

하지만 성원이의 감정에 일부 공감했다고 해서 성원이가 이후에 한 행동을 두둔해줄 수는 없겠지요. 도덕적으로 성숙하지 못했다고 해서 감정이 이끄는 대로 무례하게 행동한 것까지 아무일 아니라는 듯 그냥 넘어가서는 안 되겠죠.

그런데 사실 대부분의 아이들은 자신의 감정에 대해 공감을 얻고 나면, 자신이 한 행동에 대해 드디어 이성적인 판단을 할 수 있게 됩니다. 즉 미운 감정이 다소 풀리면서 뇌가 드디어 이성의 힘을 발휘하게 되는 것이죠. 자신이 그 순간 아무리 부끄럽고 화가 났다 할지라도, 선생님께 한 언행은 옳지 않았음을 깨닫게 됩니다. 스스로 돌아보고 반성하는 것이죠.

물론 계속해서 자신의 감정에만 매몰되어 잘못된 행동을 깨닫지 못하는 경우도 있겠죠. 그럴 때 부모님의 역할이 중요합니다. 아이가 감정에만 빠지지 않도록, 이성적인 생각과 판단을 할 수 있도록 이끌어줘야 합니다.

"그런데 성원아, 만약 네가 담임선생님 입장이었다면 화장한다고 지각하고 수학시간에 벌점 받은 학생에게 어떤 마음이 들었을 것 같아?"라고 역지사지(易地思之)를 가르칠 수도 있겠죠. 아니면 "그런데 성원아, 네가 선생님한테 그렇게 말하고 행동한 걸 다른 친구가 보거나 들었을 텐데, 그 친구들은 너의 행동을 보고 뭐라고 생각했을까?" 혹은 "다른 친구가 선생님한테 그런 말과 행동을 했다면 너는 그 친구에 대해 어떻게 생각했을 거 같아?"라며 성원이의 언행을 객관적 상황에서 보았을 때 옳은 것이었는지 물어볼 수도 있을 것입니다.

나아가 자신의 잘못에 대해 선생님께 먼저 사과하는 것까지 이끌어줄 수 있어야 합니다. 아무리 쑥스럽고 민망해도 잘못된 행동을 사과할 수 있는 용기를 심어주어야 합니다. 성원이가 선생님께 면담을 신청해서 잘못된 언행을 사과드리면 분명히 선생님도 성원이의 감정을 보듬어줄 것입니다. 그렇게 함으로써 마음 속 미운 감정을 정리할 수 있고, 선생님과의 관계도 좀더 돈독히 할 수 있을 것입니다.

청소년기를 '질풍노도의 시기'라고 흔히들 말하듯 감정과 감성, 이성과 본능이 아이의 몸과 마음을 몽땅 뒤흔들지만, 그것들이 질서를 찾도록 배우고 경험해야 하는 시기이기도 합니다. 따라서 학교라는 틀을 통해 사회생활에 필요한 지식을 채울 뿐만 아니라 다양한 인간관계도 경험함으로써 자신의 감정과 이성을 다스리는 법을 깨우쳐야 하죠. 그 과정에서 부모는 내 아이에 대한 흔들리지 않는 사랑을 갖되, 제대로 된 인성을 갖추도록 안내할 수 있어야겠습니다.

....

사례3 ★ 민호의 이유 없는 짜증

민호는 참 잘 웃고, 성격도 서글서글한 친구였습니다. 그래서 주변에 친구도 많고, 초등학교 때는 학급 회장도 했던 아이였죠. 그런데 중학생이 되고 난 후 어느 날부터인가 입에서 계속 "아, 짜증 나!" 소리가 떠나지를 않습니다.

이유는 여러 가지입니다. 급식이 맛이 없어도, 머리카락이 곱슬인 것도, 옷은 장롱에 넘쳐나는 데 마음에 드는 것이 하나도 없다며 짜증이 난다고 합니다. 심지어 미세먼지가 심해서 목이 아프다고 짜증이 만발합니다.

학교에 갔다 온 민호는 아니나 다를까 또 입이 댓 발 나와 있습니다. 이번에는 '또 무슨 일이 불만일까?' 싶어 엄마는 이제 민호의 표정을 살피며 눈치를 보기 시작했습니다. 아이 표정만 봐도 괜히 가슴이 두근두근한다는 엄마는 민호에게 말을 걸어봅니다.

"무슨 일 있어? 학교에서 안 좋은 일 있었니?"

"없어."

"아니, 너 얼굴 보면 무슨 일 있는 건데…….."

"없어."

엄마는 마음이 점점 답답해지고, 아들 눈치를 보는 자신에게 부아가 치밀기 시작했습니다.

"민호야, 너는 내가 너 눈치를 이렇게 봐야 속이 시원하겠어?"

"아 진짜, 나 좀 가만히 냅 둬. 내가 뭘 잘못했다고 지랄이야!"

순간, 민호의 엄마는 자신의 귀를 의심했습니다. 지금 뭘 들은 것이었는지…….. 날이 갈수록 종잡을 수 없는 아들의 짜증, 이유 없는 불평불만들을 어디서부터 해결해야 할지 모르겠습니다. 엄마에게 하는 말도 점점 험해지고, 대화를 하려 해도 좀처럼 자신의 속마음을 열지 않는 아이. 그동안 부모 말도 잘 듣고 착한 아이였는데, 이렇게 변한 것이 사춘기 때문일까요? 언제까지 이런 모습을 참고 지켜봐야 하는지, 예의 없는 행동이나 말투에 대해서 따끔하게 혼내야 하는지, 부모로서 어려움이 큽니다.

해법 ♥ 사춘기에 접어들기 전까지 항상 웃고 활발하고 사랑스럽던 아이가 갑자기 퉁명스러워지고 부모에게 짜증을 내기 시작하면 부모들은 무척 당황하게 됩니다. 소위 '아! 내 아이도 중2병이 찾아온 것인가!'하고 이해하고, 가능하면 아이에게 맞춰주려고 해도 생각처럼 쉽지 않죠.

보통 이런 경우 부모님들은 민호 엄마와 같이 아이들과 차분히 대화를 시도합니다. 무슨 일인지, 문제가 있는지, 왜 그러는지 묻지만 아이들은 대답은커녕 더 짜증만 냅니다.

얼마 전 한 잡지 기사에서, 청소년기 아이들이 갑자기 짜증이 늘고, 감정기복이 심하며, 사소한 일에도 극심한 스트레스를 받는다면, 단순히 호르몬 변화와 2차성징으로 인해 예민해진 것이 아니라 '청소년 화병'을 의심해봐야 한다는 내용을 봤습니다.

청소년들이 화병에 걸리는 이유인 즉, 감수성이 풍부하고 심리적으로 예민한 상태인 청소년들은 자신의 심리상태나 현재 상황을 외부에 알리는 것을 꺼려, 스스로 해결할 수 없는 문제들을 참아가며 버티려 하는 경우가 많기 때문이라고 하더군요.

철학자이자 학생들을 가르쳤던 선생으로서, 자아정체성을 찾아야 하고, 학업도 열심히 해야 하고, 친구들과의 관계도 올바로 정립해야 하고, 그러면서 미래 진로나 인생에 대한 고민도 해야 하는 복잡하고도 방황하는 시기를 지나고 있는 청소년들이 얼마나 힘들면 화병이 생길까 하는 염려가 들더군요.

만약 민호가 그냥 사춘기 아이들이 부모에게 반항하는 정도의 짜증만 내는 상황이라면, 부모님도 민호의 태도를 너무 예민하게 받아들이지 않아도 될 듯합니다. 아이가 부모님께 너무 무례하게 행동한다면, 부모로서 따끔하게 혼내고, 가족 간 지켜야 할 예의에 대해 가르칠 수 있겠지요.

사춘기 아이들을 보면 가끔 집밖에서 하는 행동과 집안에서 가족에게 하는 행동이 매우 다른 경우가 있습니다. 부모님들은, 내 아이가 집밖에서 선생님이나 친구들에게 예의 없이 행동할까 봐 염려하지만, 아이들도 집밖으로 나가면 어느 정도의 가면(페르소나)을 써야 한다는 정도는 알고 있습니다. 집에서처럼 괜한 짜증을 내고 무례하게 하지 않죠. 그럼에도 부모로서 집에서 새는 바가지가 밖에서 새지 않도록 가르쳐야 하는 것은 당연합니다.

반면 기사에 나온 것처럼 '화병'에 해당하는 경우라면 부모님은 먼저 전문가의 도움을 받아야 할 것입니다. 민호 혼자서는 해결할 수 없는 우울증이나 말 못 할 고민으로 심한 스트레스를 받고 있다면 약물 치료나 전문가의 상담이 필요하겠지요. 더불어 아이가 위기를 잘 극복할 수 있도록 부모님은 꾸준한 관심과 사랑을 보여줘야겠습니다.

: 일본 _ 왜 인사를 잘해야 하나

인사를 잘하는 사람을 만나면 기분이 참 좋지요. 그리고 인성도 좋을 뿐 아니라, 어려서부터 교육을 잘 받고 자랐음을 짐작할 수 있습니다. 그래서 인사를 잘하는 것은 인간관계에서 매우 중요할 뿐 아니라 중요한 인성교육의 한 방법이지요. 그러면 인사를 통한 교육을 철저히 실천하는 일본인들의 사례를 살펴볼까요?

일본인들은 하루 시작부터 끝까지 끊임없이 인사를 합니다. 그들의 인사 중 특히 눈에 띄는 것은 만날 때와 헤어질 때의 인사와 고마울 때, 미안할 때의 인사, 그리고 처음 만난 사람과의 인사입니다.

우리나라는 "안녕하세요."와 "안녕히 가세요." 등과 같이 만날 때와 헤어질 때 인사에는 '안녕'의 의미를 포함하고 있습니다. 그리고 친할수록 인사를 생략하거나 적당히 하지요.

우리와 비교했을 때 일본은 인사말이 다양하게 발달했습니다. 만날 때 인사도 아침, 낮, 밤, 잘 때 모두 다르며, 헤어질 때도 자주 보는 사람들이라도 "조심히 가세요", "또 뵙겠습니다." 등의 인사를 나눕니다.

환자나 몸이 약한 사람에게는 "몸을 중하게 돌보세요."라고 인사하고, 이에 "고맙습니다."라고 답을 합니다. 특히 인사말과 함께 두 발을 모으고 허리를 거의 90도로 정중히 굽힙니다. 그러면 일본인들은 왜 이리도 인사를 철저하게 할까요? 인사의 의미를 조금 더 깊이 들여다보지요.

인사는 인간만이 하는 것이 아닙니다. 고등동물도 인사를 하고, 그 외의 동물들도 인사와 유사한 동작을 합니다. 동물행동학자들은 모든 동물은 본능적으로 생존하기 위해 공격성을 갖추고 있다고 합니다. 이런 성질이 같은 종족 사이에서 있는 그대로 발휘되면 종족 번성에 악영향을 끼치기 때문에 '좀 더 관계를 부드럽게 하는 장치'가 필요하고, 그 장치로 설계된 것이 인사라고 합니다. 침팬지를 관찰하면 수시로 인사의 형태가 바뀌기도 한다고 합니다.

동물들은 서로 만나는 순간 약한 쪽이 인사를 먼저 하고, 서로 힘이 비슷한 때에는 먼저 본 쪽이 인사를 한다고 합니다. 인사하는 방법은 머리 숙이기, 무릎 꿇기, 엎드리기, 껴안기, 볼을 대고 비비기, 입 맞추기, 손을 마주 잡기, 손등이나 발등에 입 맞추기 등 다양합니다.

사람도 인사를 받으면 상대방에게 좋은 감정을 갖듯 동물도 마찬가지입니다. 다만 인간이 동물과 다른 점은 인사를 예절의 한 형식으로 발전시켜서 인성으로 연결하고 있다는 점이지요. 인사를 철저히 하면서 서로 호감을 갖고 있음을 알게 되고, 하나로 단결하는 효과를 누리는 것입니다. 일본인들은 이렇게 인사를 인성교육의 하나로 활용하고 있습니다.

: 독일 _ 밥상머리 교육의 비밀

예절에 있어서 둘째가라면 서러운 한국. 그런데 우리나라 엄마, 아빠들
도 놀랄만한 독일의 예절 교육이 있습니다. 바로 식사예절 교육인데요.
'밥상머리 교육'의 시간은 우리도 참 중요하게 여깁니다.

육아 교육이 매우 엄격한 편인 독일의 식사예절은 철저한 위생 관리부
터 시작됩니다. 먼저 밖에 나갔다가 집으로 돌아오면 신발 정리는 기본
이고, 더러워진 손과 얼굴도 스스로 닦고 오도록 버릇을 들입니다. 식
사 전 손 닦기는 필수죠. 배가 고프니까 대충 닦기? 그런 것은 없습니
다. 부모님들의 자체 위생 검사에서 통과하지 못하면 화장실로 다시 돌
아가서 닦고 나와야 합니다.

이제는 본격적인 식탁에서의 예절 교육이 시작이 됩니다. 우리도 밥상
앞에서 어떠한 예의를 지켜야 할지 수없이 듣고 자랐습니다. 가장 어른
이 숟가락을 드시면 그제야 나도 식사를 시작할 수 있고, 밥그릇 들고
먹지 않기(이것은 각 나라의 문화에 따라 다릅니다), 밥풀은 남기지 말고
깨끗하게 먹기, 식사 시간에 지나치게 떠들지 말기 등등…….

이는 독일의 가정에서도 비슷하게 적용됩니다.

먼저, 식사를 할 때는 어른보다 먼저 먹어서는 안 된다고 합니다. 물론

식사 시간은 하루에서도 가족들이 가장 즐겁게 모여 나누는 시간이지요. 무조건 강요하는 것은 아니겠지만, 음식이 나왔을 때 식는 한이 있더라도 다 같이 모여 앉았을 때 비로소 식사가 시작됩니다. 이렇게 다 같이 모이기를 기다리는 문화, 자연스럽게 어른 먼저 식사를 시작하시기를 기다리는 문화, 이것이 바로 독일의 식사예절입니다. 여기에 더해서 음식을 다 먹은 후에는 말없이 혼자 일어서서 나가면 안 된다고 하는군요. 아무리 빨리 식사를 마치고 놀고 싶다 하더라도 먼저 일어나기 전 함께 식사하던 분들에게 여쭤봐야 합니다. 먼저 일어날 수 있겠냐고 말이지요.

그러면 독일의 식사 중 예절은 어떤 것이 있을까요?

첫째, 음식이 입에 있을 때는 사용한 포크나 나이프는 내려놓아야 합니다. 어린아이들에게 칼이나 포크, 가위, 불과 같은 것들은 자칫 잘못하다가 위험할 수 있지요. 그러니 여기에는 도구의 용도가 쓰일 때, 즉 포크나 나이프는 음식을 먹을 때에만 사용해야 한다는 뜻이 담겨 있습니다. 필요 이상으로 잡고 흔들면 안 되는 것이지요.

둘째, 식사할 때는 바른 자세를 유지해야 합니다.

이는 우리나라의 밥상 앞에서도 마찬가지이지요. 의자에 똑바로 앉아서 허리를 펴고 식사할 수 있도록 합니다.

마지막으로 입안에 음식이 든 채로 입을 벌리지 말아야 합니다.

음식을 먹을 때에는 이야기하지 않는 것이 좋겠지요. 실제로 음식물이 밖으로 튈 수도 있고, 남의 입안에 있는 음식물을 보는 것도 그리 좋은 느낌은 아닐 테니 말입니다.

이 모든 예절 교육은, 아이들의 행동 하나하나에 책임감을 불어넣어주고, 독립심의 뼈대를 기르는 것에 핵심이 있습니다. 물론 그 바탕에는 부모님과 아이들 간의 약속이 굳건히 깔려 있어야 하겠지요.

4장

책임감과 자신감

• 책임감이란 무엇인가?

'책임감(responsibility)'이 있다는 것은 자기가 한 일에 대해, 혹은 하지 않은 일에 대해 전적으로 맡아서 해결한다는 의미입니다. 일이 제대로 되었을 때는 주변의 신뢰를 얻고, 실패했을 때에도 개선하려는 노력을 이어나가지요. 이렇게 책임감이 있는 이들은 타인의 신뢰를 얻습니다. 또한, 책임감은 사람들끼리 합의했거나 약속한 바를 지키는 것을 뜻하기도 합니다.

혹시 잘못했더라도 책임을 남에게 전가해서는 안 됩니다. 날씨 때문에, 차가 막혀서, 또는 남 탓을 하거나, 심지어 내가 잊은 일이라며 자기의 기억 탓으로 돌려서도 안 됩니다. 일이 잘못되었을 때에는 전후 사정에 대해 해명은 할 수 있지만, 변명이나 핑계를 대면서 책임을 회피하지 않고 온전히 받아들여야 합니다. 그래야 주위 사람들로부터 신뢰를 얻습니다.

그렇다면 책임감은 어디에서 오는 것일까요? 그 바탕은 '자신감(self-reliance)'이고 자존감입니다. 자기를 믿고, 나를 존중하는 마음가짐이라면 내가 한 일에 대한 결과를 책임질 준비가 되어 있는 것입니다. 자존감, 나를 존중하는 마음이 없는 이들은 자연적으로 자신감이 떨어지므로 매사를 주체적으로 결정하고 해내기 어렵습니다. 그러니 어떤 상황이 주어지면 자꾸 피하고, 책임을 남에게 떠안기게 되는 것이죠. 모든 것에 자기의 의지가 없고, 타인의 뜻에 따라 이루어지니 책임감이 생길 근거가 없어지는 것입니다.

• 왜 책임감이 필요한가?

스스로 주관이 뚜렷하다면 어떤 일에 의견을 내는 것에도 힘이 실리고 입장도 분명하게 밝힐 수 있습니다. 그 어떤 존재보다 나부터 먼저 아끼고 존중하기 때문이죠. 스스로 생각해서 옳고 그름을 분별해낼 줄 압니다. 누군가 나에게 해를 입히고 궁지에 몰려고 할 때, 그리고 옳지 않은 일에 함께하기를 강요할 때, 스스로 보호해야 합니다.

조선 시대의 유교 전통에서는 각자의 입장을 강하게 내세울 것을 조장하는 문화는 아니었습니다. 지나친 독선이나 외고집은 삼가야겠지만, 지금은 내가 원하는 것이 무엇인지 정확히 알고, 그것을 조리 있게 주장할 줄 알아야 한다고 생각합니다. 지금 사회를 살아나가는 데에 요긴한 성품이지요. 자기 주장이 없다면 매사 수동적인 태도로 남에게 의존하면서, 세상의 기준이 온통 타인의 기대에 맞춰져 있는 삶을 살아가게 될 것입니다.

나부터 내가 무엇을 하고 싶은지, 내 의견이 무엇인지 안개 속에 싸여 있듯 명확하지 않은데, 다른 사람들이 어떻게 나를 존중할 수 있을까요? 남들이 나를 가볍게 대하기 시작하면서 나를 둘러싼 보호막은 점점 얇아지다가 결국 사라지겠지요. 이렇게 수동적으로만 지내다가 어느 한 순간, 타인을 지배하고 통제하려는 공격적인 성향이 나타날 수도 있습니다. 억눌려 있던 본성이 드러나는 것이지요. 내 의견이 무엇인지 적절하게 드러내고 논리정연하게 주장할 줄 아는 능력이 다른 사람들의 방향과 조화를 이룰 때, 오케스트라의 멋진 연주와도 같이 삶이 풍요로워집니다.

• 어떻게 책임감을 익힐까?

자녀에게 책임감을 심어주는 것도 부모님이 모범을 보이는 것보다 더 좋은 가르침은 없습니다. 먼저 책임감이 얼마나 중요한 것이고, 그래서 책임을 지는 일이 얼마나 소중한지 보여주면 좋겠습니다. 기회가 있을 때마다 책임 완수의 순간을 공유하는 것이죠. 그 시간이 얼마나 보람되고 즐거운 일인지 보여주어야겠습니다. 그리고 잘못을 저지른 경우에는 책임을 회피하기보다 비판받아 마땅하다는 점도 함께 가르쳐야 합니다.

그러나 부모님들도 사람이기에 어쩔 수 없이 책임을 다하지 못할 때가 있을 것입니다. 그럴 때는 그저 아닌 척 눈 감고 넘어가지 말고 아이들에게 이렇게 이야기해보면 어떨까요.

"너도 알고 있겠지만, 다 엄마(아빠)의 잘못이야. 얼마든지 현명하게 문제를 풀 수도 있었는데 그렇게 하지 못했어. 하지만 이번에 어떻게 해결할지 알았으니 다음에는 더 잘해보도록 할게."

자녀들도 어떤 일이든 책임지고 스스로 마무리 지을 수 있도록 도와주세요. 어려운 상황 속에서도 임무를 완수한 아이들에게는 세상에서 가장 큰 박수를 보내주는 것도 잊지 마시기 바랍니다. 책임을 다하지 못했을 때는 꾸지람과 비난보다 문제를 깨닫고 앞으로 더 잘할 수 있도록 한 번의 기회를 더 주는 것이 중요합니다.

어떤 일이든 혼자 모든 책임을 다 지는 것은 어려운 일입니다. 어떤 일이 좋은 결과를 가지고 오지 못했다면, 다른 이들의 잘못이 있을 수도 있고 어느 정도의 운이 따라주지 않아서일 수도 있습니다. 그러나 내가 그 일에 참여한 이상 일정 부분의 책임이 내게도 있다는 것을 자녀들에게 가르쳐줘야 합니다. 몸통에 제일 큰 책임이 있으나 깃털까지도 일정한 책임을 나누어야 하는 것도 알려주세요. 모든 이들이 책임을 회피하고 잘못을 모두 다른 사람에게 미루는 것이 일상다반사가 되면 책임의 공백 상태에 이르는 무서운 결과를 낳습니다.

책임감과 함께 슬기로운 자기 주장도 갖추는 것이 중요합니다. 내 삶의 주인은 바로 '나'라는 것을 아는 지혜를 배워야 합니다. 내가 내 생각을 이야기한다고 해서 제멋대로 날뛰는 것이 아니라, 내 의견을 힘 있고 세련되게 풀어낼 줄 알아야겠습니다. 기분이 나쁠 때도 솔직하고 정중하게 표현할 수 있어야 합니다. 가장 먼저 챙기고 돌봐주어야 할 것이 바로 내 마음이기 때문입니다.

사례1 ★ 너는 담배도 못 피우냐?

고등학교 1학년인 경호는 방과 후, 친구인 영석이, 준현이와 함께 집을 향해 걸어가고 있었다. 영석이와 준현이는 중학교 때부터 경호와 마음이 잘 통하던 단짝 친구들이다. 이제 고등학생이 된 이 세 명의 친구들은 서로 '너 없이는 못 사는' 사이가 되었다. 이 셋이 매일 형제처럼 붙어다니는 것을 본 다른 친구들은 이들의 우정을 부러워하고 심지어 질투하기도 했다. 어느 날 영석이가 경호에게 먼저 말을 꺼냈다.

"경호야, 너 담배 피울 줄 아냐? 남자가 멋있게 보이려면 담배는 피울 줄 알아야 한다는 거, 너 그 정도는 알지?"

옆에 있던 준현이도 맞장구를 쳤다.

"그래 맞아. 영석이랑 나도 담배 피울 줄 알거든. 야, 담배 맛 그거 죽여준다. 경호 너 안 피워 봤지? 우리가 가르쳐줄까?"

경호는 순간 심한 갈등을 느꼈다. 만약 경호가 친구들에게 담배는 안 피우겠다고 말하면 경호는 친구들로부터 따돌림을 받게 될지도 모를 일이었다. 경호처럼 친구를 좋아하는 아이에게 그건 생각만 해도 끔찍한 일이었다.

하지만 고등학생의 흡연은 학칙에 따라 엄격히 금지되고 있는 것이 아닌가! 경호의 부모님과 담임선생님은 담배는 해로운 것이라고 말씀하셨다. 이 상황에서 경호는 어떻게 행동해야 할까? 영석이와 준현이가 하자는 대로 담배를 피우는 것이 옳은가 아니면 그들의 권유를 뿌리쳐야 할까?

해법 ♥ 지금 경호에게 필요한 것은 자신이 옳다고 생각하는 일을 행할 용기입니다. 지금 경호는 대단히 곤란한 상황에 처해 있지요. 담배를 피우자고 권하는 친구들의 제안을 거절한다면? 어쩌면 경호를 그것도 하나 마음대로 못하는 소심쟁이라고 놀릴지도 모를 일입니다. 더욱 두려운 것은 담배부터 시작해서 자기들이 하는 일에 끼워 주지 않으려고 할 수도 있죠.

이 시기에 친구들과의 우정은 무척 중요합니다. 이 친구들과 오래전부터 우정을 나누어왔고, 이렇게 마음 맞는 친구들도 찾기 힘들 수도 있죠. 그래서 판단하기 더 어려운 상황이 되어버린 것입니다. 그렇지만 경호는 친구들이 담배 한번 피워 보라고 권하는 순간에 잠시 주저했습니다. 주변의 어른들이 해주신 말씀을 정확하게 기억하고 있기 때문입니다.

이럴 때에는 이렇게 곤란한 상황이 닥칠 것을 미리 예상하고 이에 대한 결론을 미리 내려놓으면 됩니다. 미리 내린 결정을 계속해서 염두에 두고, 그대로 행동하면 어려운 상황이 조금은 쉽게 풀려나갈 것입니다. 내린 결정에 대해서 그 가치를 스스로 존중하는 것이 중요하겠지요. 여기에서 에이브러햄 링컨의 일화를 하나 소개해볼까 합니다.

어느 날 링컨은 한 유력인사와 함께 기차 여행을 하고 있었습니다. 그는 링컨에게 함께 담배를 피우시겠냐고 권했지요. 게다가 자기랑 같이 담배를 안 피우면 섭섭할 것이라고 으름장도 놓았다고 합니다. 이때 링컨은 이렇게 대답했다지요.

"제가 담배를 안 피우기로 결심한 지도 20년이 더 되었습니다. 담배를 피우지 않겠다는 저 자신과의 약속을 20년 동안 지켜왔습니다. 제 어머니께도 같은 약속을 했지요."

경호가 지금은 담배를 피우지 않겠다는 결정을 미리 내려놓으면 이와 같은 상황에서 조금 더 수월하게 대처할 수 있었을 것입니다. 스스로 만든 가이드라인이 있기 때문에 용기를 내기가 어렵지는 않을 것입니다. 하지만 담배를 피우면 몸에 해롭다는 이야기를 어른들에게 듣기만 하고, 사전에 결정해 놓은 바가 없어서 친구들의 흡연 권유에 이렇게 당황한 것입니다. 옳지 않은 일이라고 마음속으로 방향은 정해 놓았지만, 따돌림이 두려워 억지로 피울지도 모르는 일입니다.

담배는 한번 피우기 시작하면 좀처럼 끊기 어렵습니다. 특히 고등학교 1학년인 지금부터 담배를 피우기 시작하면 수년 후 성인이 되었을 때, 흡연하지 않았을 때에 비해서 체력과 건강의 차이가 크게 나리라는 것은 훤히 보이는 결과입니다.

이와 같은 점들을 고려해서 경호는 지금은 담배를 피우지 않겠다는 결정을 미리 내려놓는 것은 어떨까 합니다. 물론 경호의 결정이 나중에 성인이 되어서도 절대 흡연 불가를 의미하는 것은 아닙니다. 성인이 되었을 때 담배를 피울 것인가의 여부는 그때 가서 다시 생각해보아도 늦지 않습니다.

만일 이 일로 인해서 영석이와 준현이가 경호를 따돌린다면 어떨까요? 경호는 하루 아침에 외톨이가 된 느낌에 괴로울지도 모르겠습니다. 그러나 자신들과 함께 담배를 피우지 않았다는 이유로 즉시 왕따를 하는 친구들이라면 한번 생각해봐야 하지 않을까요? 진정한 우정을 나누고 있었던 것이 맞을까요? 좋은 친구 사이에는 서로의 영역과 취향을 지켜주고 존중해주는 적당한 거리가 있어야 할 테니까요.

....

사례2 ★ 우리 반의 이익이 곧 나의 이익

다섯 시가 가까워오자 진호는 초조하게 이리저리 서성대고 있다. 진호는 이번 학기 과학 교실에 다니고 있다. 평소 진호는 과학을 무척 좋아했기 때문에 과학 교실에 들어오게 된 것이 가장 기뻤다. 과학 교실은 규정상 한 번이라도 빠지면 보충수업 없이 혼자서 어려운 수업을 독학해야 하기 때문에 진호는 한 번도 빠지지 않고 열심히 다녔다.

오늘은 진호네 학교의 체육대회 마지막 날. 진호네 반은 그동안 잘 싸워 종목별 상위 입상을 했고, 이제 우승을 바라볼 수 있게 되었다. 그런데 진호네 반이 우승하기 위해서는 마지막 종목인 반 대항 단체 장거리 달리기에 반 전원이 참석해야만 하는 문제가 있었다. 만일 진호가 그 경기에 참석한다면 진호는 제시간에 과학 교실에 가지 못하게 될 상황이다.

우승을 하기 위해 반 아이들은 각종 경기에서 열심히 노력했고 경기에 참여하지 않은 아이들도 열심히 응원했다. 단체 장거리 달리기 대회에서 진호가 불참한다면 반이 우승을 하지 못할 수도 있을 것이다. 하지만 그동안 진호는 각종 경기에 참여해 학급 순위를 높이는 데 상당한 공헌을 했다. 자신으로선 반을 위해 할 만큼 했던 것이다.

이제 진호는 결정을 내려야 한다. 진호는 반의 우승을 위해 과학 교실 가기를 포기해야 할까, 아니면 반을 위해 할 만큼 했으니 한 번쯤 경기에 불참해도 상관없는 것일까?

....

해법 ♥ 과학 교실이라는 개인의 이익과 반의 우승이라는 집단의 이익 중 하나를 택해야 할 때 일어나는 딜레마에 봉착했군요. 살다 보면 내가 속한 단체의 이익과 나의 사적인 이익이 대립하는 상황이 벌어지곤 하지요. 그러나 다시 잘 생각해보면 내가 속한 집단을 나와는 별개로 여길 때 일어나는 갈등일 경우가 많습니다.

진호에게 이익이 되는 일을 과학 교실에 가는 것으로 국한하지 말고 생각을 해보면 어떨까요? 진호는 우승을 앞둔 학급의 일원이고, 체육대회 우승은 진호에게도 기쁜 일이 되겠지요?

이렇게 보면 진호와 반의 이익 갈등의 문제가 아니라 보다 나은 결정을 내리기 위해서 어느 편을 선택해야 하는가의 문제로 바뀌게 됩니다. 이 상황에서 진호네 반의 우승이나 과학 교실에 가는 것은 모두 진호 개인의 이익에 관계되는 일이라 어떤 선택을 해도 손해를 보지 않습니다. 단지 어떤 선택이 조금 더 가치가 있는지 가늠해야 할 단계가 남은 것이죠.

결론적으로 진호는 과학 교실보다는 단체 장거리 달리기에 참가하는 편이 나을 듯합니다. 이유는 두 가지 측면에서 생각해볼 수 있겠습니다.

첫째, 달리기에 참여하는 것이 과학 교실에 가는 것보다 더 많은 사람들, 반 전체에 이익이 된다는 점입니다. 수혜의 범위가 더 넓지요.

둘째, 진호가 반 전체의 이익을 우선 선택하는 것이 장기적으로는 진호 자신에게도 이익이 될 것이라는 점입니다. 이에 대해 조금 더 깊이 이야기해보겠습니다.

한 집단의 구성원 모두가 집단의 이익보다는 개인의 이익만을 챙기려 한다면 집단을 유지하는 것은 의미가 없습니다. 나아가 전체가 피해를 입는 상황이 벌어진다면 집단도 개인도 모두 행복할 수 없습니다. 개인의 이익은 그가 속한 집단 안에서 보호받을 수 있다는 점을 진호가 깨닫도록 곁에서 격려해줄 필요가 있습니다.

당신이 만약 진호의 부모님이라면 이럴 때 진호가 현명한 선택을 할 수 있도록 돕는 한편으로, 최종 결정을 내리기 전에 과학 교실에 전화를 걸어 학교 일 때문에 오늘 좀 늦겠다고 양해를 구해 보도록 하는 것은 어떨까요? 물론 힘든 경기를 마치고 과학 교실에 가면 몸이 좀 피곤하기는 하겠지만, 진호로서는 이렇게 하는 편이 반 전체의 이익을 무시하는 것보다는 한결 마음의 부담이 덜할 것입니다.

. . . .

사례3 ★ **딸 아이의 비밀 전화**

고등학교 진학을 앞둔 수연이는 요즘 부쩍 비밀 통화가 길어졌다. 그것도 누군지 알 수 없는 상대와 매일 밤 몰래 통화를 하고 있다. 중3이 되더니 신경이 예민해졌는지 평소에는 부모님과 얼굴도 마주치기 싫어하던 아이가 도대체 누구랑 저렇게 오랜 시간 통화를 하는 것일까?

궁금증을 견디지 못한 수연이 엄마는 어느 날 은밀히 딸의 통화 내용을 엿듣게 되었다. 상대는 뜻밖에도 동네에서 문제아로 소문난 형석이라는 남학생이었다.

'왜 하필 형석이 같은 아이와……'

게다가 지금은 그 어느 때보다 중요한 시기가 아닌가!

수연이 엄마는 딸의 행동이 못마땅하지만, 혹시라도 반발심에 더 어긋나지나 않을까 염려되어 함부로 말을 할 수도 없는 상황이다.

이럴 땐 어떻게 해야 할까?

. . . .

 해법 ♥ 중·고등학생 시절 이성 교제 문제는 예민한 시기에 가장 신경 쓰이는 문제일 것입니다. 자녀를 기르는 전

과정에서 가장 큰 문제가 될 수도 있지요. 특히 자녀가 고교 진학을 앞둔 상황이다 보니 부모님들이 더욱 민감하게 반응하시겠지요. 많은 부모님들이 대학 입시를 마치기 전까지는 이성 교제를 허락할 수 없다는 견해를 취하실 거예요.

그러나, 이는 어디까지나 부모님의 생각일 뿐 아이들의 이성 교제에 개입하는 것은 한계가 있습니다. 요즘 같이 휴대폰을 다 가지고 다니고, SNS를 숨 쉬듯 하는 이 시대에는 아이들끼리 연락하는 것을 완벽하게 막기는 어렵지요. 따라서 남자친구, 여자친구를 사귀는 것을 막으려고 하기보다 차라리 건전하게 지내도록 도와주는 편이 바람직하지 않을까 합니다.

먼저, 대화를 통해서든 손편지나 메모 같은 글을 통해서든 자녀의 이성 교제 사실을 부모님이 알고 있다고 자녀에게 알려주는 것이 좋을 것 같습니다. '무조건적인 반대'를 전제해두고 아이에게 화내듯 말을 걸기보다는 이성친구가 어떤 아이이고, 서로 어떻게 사귀고 있는지 물어봄으로써 아이가 어떻게 대답하는지 들어보는 것이 먼저겠죠. 그러면서 부모님도 자녀의 이성친구가 어떤 친구인지 궁금해하고 있다는 신호를 보내는 것이죠.

이성친구의 어떤 점이 마음에 드는지, 이성친구를 사귀는 것이 본인에게 어떤 도움이 되는지 등도 아이가 마음 편하게 얘기할 수 있는 분위기를 만들어주면 더 좋습니다.

부모님이 당연히 이성 교제를 반대하고 화내고 혼낼 것이라 짐작해 비밀스럽게 몰래 사귀고 있었는데, 오히려 이성친구에 대한 호기심과 호감을 보여주는 모습을 보면서 자녀들은 죄책감에 무거웠던 마음이 편해질 수 있을 것입니다. 아무리 부모와 자식 간이라도 진심을 나눌 수 있는 대화의 핵심은, 서로에 대한 신뢰와 교감이기 때문이죠.

대체로 자녀들은 부모님이 상황을 알고 있으면, 이성친구와 더 건전하게 만나고 서로에게 도움이 되도록 노력하려고 애쓰게 됩니다. 사람은 누구나 자신의 선택에 대해 인정받고 싶은 욕구가 있으니까요.

한편, 부모님이 보기에 이성친구가 내 자녀에 비해 공부도 잘하지 않고, 외모도 별로고, 가정환경도 마뜩잖더라도 자녀의 의견과 감정을 존중해줘야 합니다. 자녀가 아직 미성년자의 신분에 어긋나는 행동을 하지 않는 한, 긍정적인 시선으로 바라보고 대해줄 수 있어야 합니다. 이럴 때에 자녀는 부모님을 더욱 신뢰할 수 있고, 자신 스스로도 책임감 있게 행동할 수 있습니다.

그런데 이성 교제 문제에 관해 대화를 시도하려는 부모님들의 노력이 자칫 자녀들에게는 '우리를 이해하지 못하는 어른들의 꼰대적 오지랖'으로 여겨져 대화 자체를 무조건 회피하기도 합니다. 평소 부모와 자녀와의 관계가 어떤가에 따라 다르겠지요. 이럴 땐 섣불리 강압적으로 대화를 시도하기보다는 일정 기간 상황의 흐름을 묵묵히 지켜보는 시간이 필요할 수도 있습니다. 이 시간 동안 자녀에게 이성 교제 사실에 대해 부정적 감정이 아닌 보호자로서 긍정의 호기심을 가지고 있음을 계속 어필함으로써 자녀 스스로 오픈할 수 있도록 하면 좋을 것 같습니다.

그렇지만 부모로서 절대 놓쳐서는 안 되는 점도 있습니다. 자녀를 신뢰하는 것과 무관심에 방치하는 것은 다릅니다. 내 자녀가 이성친구로 인해 괴로운 일을 당하거나 학생과 미성년자의 신분에 어긋나는 행동을 한다면, 부모로서 아이가 처한 문제점을 바로잡도록 적극 개입해야 합니다. 한두 번의 작은 문제를 방치했다가 더 큰 문제, 즉 폭력이나 범죄 등에 연루되지 않도록 아이들의 행동과 감정의 변화를 잘 관찰하고 보호자로서 자녀의 편에서 도와야 할 것입니다.

....

사례4 ★ 엄마, 나 죽고만 싶어

딸 아이는 벌써 사흘째 자기 방에 틀어박혀 나오지도 않습니다. 어제부터는 겨우 문이라도 열어주길래 들어가 보기는 했으나, 먹지도 마시지도 않은 채 지금까지 침대에만 누워 있는 것입니다.

"엄마, 나 죽어버리고 싶어."

이 말은 사흘 만에 내뱉은 첫 마디였습니다. 가슴이 덜컥 내려앉는 것 같았지만 무어라 섣불리 위로할 수도 없었습니다. 사흘 전처럼 그렇게 감정이 격앙되어 반발할 것 같아 그냥 아무렇지도 않게 머리만 쓰다듬어주었습니다.

수험생을 둔 부모는 모두 이런 악몽을 겪어야 하는 건가요? 딸 아이가 낙담하고 괴로워하는 모습은 정말 보기 힘듭니다.

무엇을 탓해야 할까요? 이 사회의 입시 제도? 그렇지만 수능 시험에서 기대에 못 미친 점수를 받은 학생이 딸 아이뿐만은 아니지 않을까요? 왜 유독 내 딸만 저렇게 좌절감에 빠져 있을까요?

온갖 복잡한 생각들이 파도처럼 밀려왔습니다. 제 딸 정인이는 어려서부터 총명하고 우수한 아이였습니다. 공부도 제법 잘했고 운도 따랐던지 학교생활에서 실패를 경험할 기회가 별로 없었지요. 아이가 제 능력을 발휘할 수 있도록 키우는 것이 부모의 의무라 생각하여 최선을 다해 뒷받침해주려 노력해왔는데…….

정인이에게는 지금 이 상황에서 어떤 말도 위로가 되지 못할 것 같습니다. 성적에 맞추어 원래 목표보다 낮은 과를 지망하면 되지 않겠냐는 제안을 해보았으나 도저히 용납이 되지 않는 모양입니다. 그동안 정인이를 위해 들인 노력이 헛된 것이었다는 생각에 맥이 풀릴 따름입니다. 그리고 이런 일로 저렇게 심한 좌절감에 빠진다면 앞으로 저 아이 앞에 놓인 삶은 어떻게 헤쳐나갈 것인지 안타깝기만 합니다.

. . . .

해법 ♥ 우리나라의 교육 제도를 보면 부모님들이 역할의 클 수밖에 없습니다. 학교에서 좋은 성적도 받아야지, 그러려면 학원 과외도 받아야지, 특별활동도 해야지, 봉사활동까지……. 이런 강도 높은 스케줄을 소화하는 자녀들을 지켜보는 부모님들이 옆에서 조금씩 도와주는 것은 오히려 자연스러워 보입니다.

그러나 자라면서 경험하는 크고 작은 실패로부터 무조건 아이를 보호하는 것은 역경을 극복할 연습 시간을 마련하지 않는 것과 같습니다. 실패할 위험에서 완벽하게 차단시켜버리면, 실패를 경험할 소중한 기회를 놓친 채 성장하게 되지요.

어린아이들은 놀이터에서 놀다가 그네에서 떨어지거나 바닥에 넘어지는 경험을 해야 언제 조심해야 하고, 또 얼마나 아픈지 알게 됩니다. 당시에는 물론 두렵고, 고통스럽겠죠. 하지만 언젠가는 그 상황을 극복했음을 깨닫게 됩니다.

초등학교에 들어가면서는 차츰 준비물을 스스로 챙기는 습관을 들이게 됩니다. 혹시라도 준비물을 빠트린 채 등교했을 때 결과는 스스로 책임져야겠지요. 실패의 과정을 통과하지 않으면 그를 극복하는 방법을 배울 기회도 없습니다. 그래서 오히려 어릴 때부터 위험 부담이 적은 좌절부터 찬찬히 경험하도록 도와주는 것이 좋겠습니다. 예를 들어 다 놀고 난 후 장난감을 치우지 않았을 경우, 어질러진 상태가 보기 좋지 않을 뿐더러, 자칫 누군가 장난감 때문에 다치거나 혹은 장난감을 망가뜨릴 수도 있죠. 따라서 부모님은 아이들이 놀고 난 다음에는 장난감을 정리하는 것이 좋겠다는 것을 스스로 깨닫게 하는 것이지요.

자녀들이 원하는 것을 얻지 못해 좌절하고 괴로워할 때, 부모님들은 이 결과 자체가 인생의 큰 난관이 아니라 반드시 극복할 수 있는 장애물에 불과하다는 것을 가르쳐주어야 합니다. 물론 이는 어려서부터 성장 과정 속에서 크고 작은 실패와 극복의 연습이 필요한 일입니다.

: 미국 _ 각자에게 주어진 일은 꼭 완수한다

미국에서 공부하던 시절 느꼈던 미국의 독특한 문화 한 가지는 어떤 성격의 모임이건 그 구성원들이 각자의 역할 분담을 확실히 하고, 모두가 맡은 바 책임을 다한다는 것이었습니다.

이런 문화는 정부 조직이나 이익 단체에서만 볼 수 있는 것만은 아니었습니다. 교회의 모임이든, 학부형 모임이든, 마을의 자치회든, 또는 취미 생활을 위한 모임이든 그들은 한결같이 모든 활동을 계획에 따라 조직적으로 이끌어 나갔습니다.

각기 다른 능력을 가진 여러 사람이 같은 목적을 가지고 모였을 때, 각자의 역할은 뚜렷하게 그리고 세밀하게 구분되어 분담합니다. 그리고 각자 맡은 부분은 마치 시계태엽이 돌아가듯 빈틈없이 완수합니다.

책임감을 가지는 것은 타인에게 신뢰를 받을 수 있는 가장 기본이 되는 덕목입니다. 책임감은 교육 수준이나 생활 환경과 관계가 없지요. 이에 대한 교육의 출발점은 바로 가정입니다.

미국 가정에서는 자녀들과 집에서 해야 할 일들을 나눕니다. 강아지에게 밥 주기, 강아지 산책 시키기, 물고기 먹이 주기, 침구 정리, 잔디 깎기, 식사 전 테이블 세팅 등등⋯⋯. 이 목록들은 메모지에 적어서 냉장고 문이나 책상 앞에 붙여 놓습니다.

이 목록은 아이들에게 확실한 목표 의식을 심어줍니다. 그리고 그 메모를 반복해서 보면서 할 일을 완수하려고 노력하지요. 부모님들이 이것 해라, 저것 해라 반복해서 시키다 보면 한낱 잔소리에 지나지 않을 것입니다. 그 역할을 메모된 목록이 해주고 있는 것입니다.

미국의 10대들은 자기의 할 일을 해낸 대가로 일주일 치 용돈을 받기도 합니다. 반대로 해내지 못했을 때는 어떠한 형식으로든 적절한 불이익을 받거나 불편함을 감수할 상황을 만듭니다. 이는 반대로 책임을 다했을 때 누릴 수 있는 긍정적인 효과를 도드라지게 하지요.

학교 숙제 또한 매일 해야 하는 일과 중의 하나일 뿐입니다. 가족을 위해서 해야 할 일보다 우선순위에 놓이지 않습니다. 이를 통해서 자녀들에게 공부만이 중요하고, 공부만 하면 되는 것이 아니라, 나와 타인을 위해 해야 할 일에 책임을 다하는 것도 똑같은 비중으로 중요하다는 것을 가르쳐주는 것입니다.

: 노르웨이 _ 나눠 먹는 음식 속에 커지는 자율성

1. 노르웨이의 한 유치원.

테이블 주위로 꼬마 친구 네 명이 앉아 있고, 선생님은 그 위에 과일이 수북하게 담긴 바구니를 올려놓습니다. 테이블에는 접시와 칼, 도마가 준비되어 있고요. 아이들 네 명은 너무나 익숙한 모습으로 칼을 들어 과일을 정성스럽게 깎습니다.

아직 어린아이들은 칼을 만지면 위험하다는 생각이 너무나 당연한 우리나라의 문화로는 놀라운 장면입니다. 게다가 어른들이 쓰는 날카로운 칼을 손에 쥐고 있습니다. 하지만 선생님은 당연히 칼이 잘 들어야 과일이 잘 깎일 것이라고 생각합니다.

이렇게 아이들은 익숙하게 과일 껍질을 벗기고 포도, 사과, 귤 등을 접시에 담아냈습니다. 그러다가 한 아이가 손을 베었지요. 그러면 놀랄 만도 한데, 아이는 당황하는 기색이 전혀 없이 선생님과 잠시 이야기를 나누더니 자리를 비웁니다. 얼마 안 있어 자리로 돌아와서 다시 과일 접시를 채웁니다. 손에는 반창고가 감겨 있습니다.

한 노르웨이 친구가 이런 이야기를 했다고 합니다. "피가 흐르는 것은 위험하지 않아. 피가 돌지 않는 것이 위험하지." 이렇듯 노르웨이 사람들은 위험에 대처하는 능력을 기르기 위해서 어릴 때부터 다양한 도구를 사용하면서 다루는 법을 익힙니다. 그리고 안전에 대한 분별력도 함께 키우게 됩니다.

영양사 선생님들이 이미 주방에서 깎아서 내어주신 과일을 먹기보다 과일을 직접 깎아 먹는 이 간식 시간은 또 다른 의미가 있습니다. 내가 먹고 싶은 과일을 집에서 한 가지씩 가지고 와서 친구들과 나누어 먹는 것이죠. 친구들이 다들 과일 깎는 일을 하고 싶어 해서 매일 자기의 차례가 돌아오기만을 기다린답니다. 네 명의 과일 깎기 당번 친구들 앞에 놓인 네 개의 접시. 그 위에 작은 과일 조각들이 골고루 담겼습니다. 그리고 빠진 친구 하나도 없이 모두 자리에 함께할 때까지 기다리며 도마와 칼을 정리했습니다.

이제는 과일을 먹을 시간입니다. 과일을 하나 집고, 옆 친구에게 과일 접시를 돌립니다. 그렇게 접시가 비워질 때까지 반복적으로 돌리지요. 이러면서 자신의 차례가 올 때까지 기다리는 식탁예절도 함께 배웁니다. 그리고 내가 가지고 온 과일 하나로 식탁이 풍성해지는 경험도 하고, 책임감 있게 과일을 깎아서 친구들에게 대접하는 넉넉한 마음도 함께 지니게 됩니다.

2. 같은 노르웨이의 한 중학교.

오전 6시부터 오후 1시 30분까지 운영되는 카페테리아가 있습니다. 이곳에서는 학생들에게 아침을 무료로 제공합니다. 점심은 각자 샌드위치 등을 준비해 와서 먹습니다.

한국의 학교 매점 운영자는 외부의 일반인이 공개 입찰을 통해 운영권을 따서 들어오는 방식이지만, 이 학교의 카페테리아 운영자는 학교에 소속된 직원입니다. 운영자가 직접 장을 보고, 피자나 샌드위치 등을 만들어서 학생들에게 제공합니다.

학생들은 카페테리아에서 아침 식사를 즐기기도 하지만, 봉사활동의 명목으로 자율적으로 일을 돕기도 합니다. 학생들은 운영자와 친분도 두터울 뿐 아니라 일하는 데에도 전혀 힘든 기색이 없습니다. 봉사활동 점수가 있는가 하면 그렇지도 않습니다. 그저 카페테리아에서 일하는 시간에는 수업에 들어가지 않아도 될 뿐, 다른 혜택은 없습니다. 특히 매주 금요일 '빵 굽는 날'에는 학생들이 모여 브라우니나 쿠키 등을 만듭니다. 직접 만든 빵을 친구들과 함께 나눠 먹는 것이죠. 다른 아이들을 위하여 빵을 굽고, 그것을 나눠 먹으면서 배려를 배우는 아이들. 북유럽 국가들의 교육은 따로 '인성교육'이라는 이름으로 프로그램을 마련하기보다 공기를 마시듯이 이렇게 일상생활을 실천하면서 이루어진다고 합니다.

학교 매점을 직접 운영해보거나, 음식을 함께 만들어보는 것만으로도 훌륭한 경험이지요. 무엇이든 '직접 해보는' 이 시간이 책임감을 기르는 커다란 엔진이 될 것입니다.

: 영국 _ 사회적 책임, '노블레스 오블리주'

우리나라의 근대화와 민주화는 기껏해야 백 년 혹은 몇십 년의 역사를 자랑할 뿐이지만, 영국은 프랑스와 함께 근대 국가, 근대 시민의 개념을 처음 만들어낸 나라입니다. 즉 현재의 많은 국가들에게 익숙한 의회 민주주의의 전형을 영국에서 처음 도입했죠. 따라서 영국의 시민교육은 민주주의 발전 과정과 그 궤를 같이한다고 말할 수 있습니다.

그중에서도 영국 시민교육의 가장 핵심이라고 할 수 있는 정신은, '노블레스 오블리주(noblesse oblige)'로 불리는 '사회에 대한 책임의식'입니다. '고귀하게 태어난 사람은 고귀하게 행동해야 한다.'는 뜻인 '노블레스 오블리주'는, 사회지도층에게 사회에 대한 책임이나 국민의 의무를 모범적으로 실천하는 높은 도덕성을 요구하는 표현입니다. 즉 품격과 매너, 예의를 존중하며, '매너가 사람을 만든다.'고 생각하죠.

영국의 대표적인 '노블레스 오블리주' 중 하나는, 영국 왕실 및 왕실에 속한 귀족들을 대상으로 '징병제'를 시행하고 있다는 점입니다. 영국 왕실 및 왕실에 속한 귀족들의 자녀들은 영국 병역법과 왕실 내부 규율에 따라 희망하는 때에 장교의 신분으로 군복무를 마치도록 되어 있습니다. 그래서 현재 여왕인 엘리자베스 2세는 1945년 2차 세계대전 당시

영국 여자국방군에서 군복무를 했고, 찰스 왕세자의 둘째 아들 해리 왕자는 아프가니스탄에서 군복무를 하기도 했었죠.

이토록 성숙한 영국의 시민교육은 소위 '명예혁명'으로 불리는 민주주의 발전 과정과 함께 이루어져 오랜 전통을 자랑하는데요, 이 때문에 영국의 시민교육은 다소 보수적인 인성교육의 성격을 띠고 있습니다. 전통과 유산을 강조하고, 예절과 관습, 몸가짐, 태도 등을 중시하는 '신사의 나라'로 발전한 것이죠.

그래서 세계적으로도 유명한 이튼스쿨 같은 영국의 명문학교들은 규율이 매우 엄격합니다. 식사를 하러 가거나 쉬는 시간에도 소란스럽게 이동하지 않으며, 교실에서는 미리 정해진 자기 책상에만 앉아야 할 정도로 형식적 예의를 강조하죠. 이튼스쿨의 교육목표는 개인의 행복이 아니라, 국가와 사회를 위해 봉사하고 사회지도층을 길러내는 것이라고 합니다. 영국의 훌륭한 전통을 지키면서 '노블레스 오블리주'를 실천할 것을 가르친다고 해야겠죠.

최근 영국에서는 시민교육(civic education)이라는 새로운 교과목이 생겼다고 합니다. 현대 사회에 필요한 시민역량을 키우는 데 방점을 두고 있으며, 중등학교에서는 필수 교과목으로, 초등학교에서는 선택 교과로 가르치고 있다고 합니다.

이 과목에서는 법적·인간적 권리와 사회적 책임감, 다양성과 상호존중의 필요성 등을 가르치고, 또 의회제도와 정부 형태, 선거를 통한 참여의 중요성 등에 대해서도 설명한다고 합니다. 해당 수업 시간에는 토론

활동이 주를 이루기 때문에 서로 논쟁을 벌이기도 하지만, 그 모든 밑바탕에는 상호존중과 배려, 예의, 매너 등이 깔려 있다고 합니다.

민주주의 역사가 짧은 우리 사회에서는 아직 '시민의식'이나 '노블레스 오블리주' 같은 성숙하고 차원 높은 책임 문화나 토론 문화가 아쉽게 느껴지는 대목이 많습니다. 이 또한 지금 당장 인성교육이 필요한 이유라 할 수 있겠습니다.

• 5장 •

자제와 절제

• 절제란 무엇인가?

"자제하고 절제할 줄 아는 사람이 되어야 한다."는 말을 자주 듣고, 합니다. '자제(self-discipline)'란 자기 욕구를 적절하게 제어할 줄 아는 것을 의미합니다. 그때그때의 감정에 따라 나부끼는 것이 아니라 생각과 감정도 주체적으로 조절하는 것을 뜻합니다. 내가 모든 것을 조절할 수 있는 열쇠를 가지게 되는 것이죠.

자제의 속성은 결코 즐거운 일만은 아닙니다. 때로는 고통스럽기까지 합니다만 자제심으로 단련된 사람은 인생 전반에 평정심을 유지하게 됩니다. 최대한으로 자아를 실현할 환경을 다지고 큰 수확을 거두게 되지요.

'절제(moderation)'는 균형입니다. 생활 전반에서 균형을 유지하는 것입니다. 매일 같은 행위를 반복하면서 인색하게 굴어야 한다는 뜻이 아닙니다. '워라밸(워크 앤 라이프 밸런스)'이라는 말이 있지요. 일과 삶의 균형을 의미하는 신조어입니다. 절제가 뜻하는 의미를 아주 적절하게 담아낸 단어입니다. 공부도 적절하게, 노는 것, 일하는 것, 쉬는 것도 적절하게 균형을 맞추어 해내는 것입니다. 절제는 지나치기 전에 멈추는 것을 말합니다. 매사에 지나치지 않는 것이지요.

차고 넘치는 것 외에도 모자라는 것 또한 절제가 아닙니다. 모든 일에 과불급이 없는 중용의 덕이라고 할 수 있습니다. 말이 너무 많으면 산만해서 함께 있기 불편하고, 지나치게 적으면 진정한 뜻이 무시당하게 됩니다. 절제는 욕망의 바다에 표류하지 않게 우리를 지켜주는 소중한 덕목이 아닐 수 없습니다.

• 왜 절제가 필요한가?

스스로 행동을 통제할 수 있다면 당연히 남의 간섭을 받을 필요가 없어지지요. 그러한 까닭에 자제는 우리에게 자유를 줍니다. 자제력이 강한 사람들은 모든 일을 효율적으로 처리하므로 늑장을 부리거나 꾸물거리지 않습니다.

절제가 없다면 뭐든지 극단에서 극단으로 치닫게 될 것입니다. 너무 많이 요구하고, 너무 많이 낭비하고, 반대로 너무 많이 인색하게 굴기도 할 것입니다. 쾌락주의의 역설이라는 말이 있지요. 마냥 즐거운 감정이 쾌락이라고 알고 있지만, 이를 절제하지 못하면 엄청난 고통을 감수해야 하는 결과를 낳습니다. 이와 같은 비극을 피하고 적절하고 조화롭게 인생을 즐길 수 있는 지혜, 바로 절제라 하겠습니다.

절제가 없다면 적절한 것이 무엇인지, 과한 것이 무엇인지 감을 잃게 마련입니다. 어디엔가 집착하게 되고, 그 마음은 자신을 괴롭게 하지요. '이러면 안 되는데, 지나치면 안 되는데……'라는 생각을 반복하면서도 어쩔 수 없이 조절할 수 없는 것, 절제와 자제력을 잃어버렸기 때문에 나오는 행동입니다. 그 결과가 무엇인지는 우리 모두 잘 알고 있지요.

• 어떻게 절제를 익힐까?

자녀들이 절제하는 방법을 익히는 데에도 부모님들의 역할이 큽니다. 부모님이 모범을 보여주는 것 이상으로 좋은 교육 효과를 거둘 방도는 없죠. 여기에는 감정의 조절도 포함됩니다. 자녀들을 기르는 데에 가장 중요하지만, 아이러니하게도 가장 어려운 덕목이기도 하지요. 내가 처한 상황에 따라 소비를 줄이거나 조절하고, 식사랑이나 군것질을 심하게 하지 않는 시도에 동참해보는 것은 어떨까 합니다. 그리고 이에 대해 자녀들과 이야기할 기회를 많이 가지기 바랍니다.

다시 한번 감정의 조절에 대해 이야기해봅시다. 살다가 보면 괜시리 짜증도 나고, 특히 욱하는 성질이 치밀어오를 때가 많을 것입니다. 물론 넓은 마음으로 혹은 타고난 성정으로 아이들을 대할 때 늘 평정을 유지하는 부모님들도 있습니다. 그러나 때로는 화가 치밀어서 힘들고, 결국에는 후회로 끝을 맺는 분들이 많지요. 이럴 때는 행동하기에 앞서 숫자를 10까지만 세어보는 방법을 활용해보면 어떨까요. 너무 간단하고, 별것 아닌 것 같아도 생각 외로 효과가 좋습니다. 큰 소리로 세어보는 것도 나쁘지 않을 것입니다.

자녀들이 노력해서 절제하는 모습을 보여주면 당연히 아낌없이 칭찬하고 또 자긍심을 심어주는 것도 잊지 마시기 바랍니다. 자제와 절제하는 습관을 익히고 굳히는 최고의 방법입니다.

사례1 ★ 아이가 떼를 쓰면

재혁이는 초등학교 2학년입니다. 자라면서 어리광이 좀 심한 편이었는데 아직 그 버릇이 없어지지 않아서 걱정입니다. 오늘만 해도 백화점에 데리고 갔다가 한 바탕 곤욕을 치러야 했습니다. 백화점 장난감코너를 지날 때 재혁이는 자신이 원하는 게임기가 있다며 그것을 사 달라고 졸라대기 시작했습니다. 가격이 비싸기도 한데다 집에는 그것과 비슷한 게임기가 이미 있고 처음부터 장난감을 사줄 계획도 없었으므로, 안 된다고 말했으나 막무가내였습니다.

처음에는 칭얼거리고 조르는 수준이더니 시간이 갈수록 그 정도가 심해졌습니다. 아무리 달래도 아이가 자신의 의견을 굽히지 않아 강제로 손을 잡아끌려는 순간, 아이는 바닥에 거의 뒹굴다시피 하며 큰소리로 떼를 쓰기 시작해 결국 나도 모르게 언성을 높이고 말았습니다. 그 층의 점원과 손님들이 다 날 쳐다보는 것만 같았어요. 하지만 점점 더 심해지는 아이의 행동에 어쩔 수 없이 게임기를 사줄 수밖에 없었지요.

이런 일이 한두 번이 아닙니다. 재혁이는 자신이 원하는 것이면 무엇이든 꼭 손에 넣어야 직성이 풀리는 성격입니다. 뜻을 받아 주지 않으면 밤낮없이 졸라대기 때문에 어쩔 수가 없습니다. 다음에, 혹은 며칠 후라는 말이 재혁이에게는 통하지 않아요. 지능이 낮아서 그런 것도 아닐 텐데, 그렇게 떼를 쓸 때는 마치 젖먹이 아기를 보는 것 같습니다. 남들 보기에 민망하기도 하지만 재혁이가 성인이 된 다음에도 이러한 성격을 고치지 못할까 봐 걱정입니다.

해법 ♥ 초등학교 2학년 정도라면 부모님의 말귀를 알아듣고, 되는 일과 안 되는 일을 구분하고, 어느 정도 상황 파악이 가능한 시기입니다. 사연을 보내주신 엄마가 아이와의 세력 다툼에서 아무래도 불리한 고지에 계신 것 같군요.

아이들에게 인내심을 처음부터 가지라고 하기에는 참 어려운 일입니다. 어른들도 실천하기 어려운 것이 바로 이 '참기'지요. 그래서 어려서부터 아이가 원하는 것이 있다면 바로 해주기보다는 그것이 왜 필요한지, 지금 꼭 필요한지 함께 이야기를 나누면서 시간을 두고 기다려보는 것도 바람직할 것입니다. 원하는 것을 얻기 위해서는 얼마만큼의 시간과 노력이 필요한지 느끼고 실천해보는 것이죠.

용돈을 줄 때도 때가 되었다고 일주일에 한 번씩, 혹은 한 달에 한 번씩 부모님이 오히려 아이에게 약속을 지키려고 노력하듯 주는 것보다는, 부모님이 하는 일들을 집에서 함께 하고 그 대가로 주면 어떨까요?

아이가 막무가내로 떼를 쓰기 시작하면 부모님들은 그 자체만으로도 괴로운 시간이 될 것입니다. 큰 소리로 울고, 사연을 주신 것 같이 바닥에 아예 누워버리는 것에 너무 힘들고, 주변 사람들 보기에 민망해서 바로 양보하는 경우가 많습니다. 그러면 아이들은 '아하, 이렇게 하면 엄마, 아빠가 내 말을 들어주는구나!' 하고 지름길로 여기게 되지요. 부모님이 먼저 확실한 결단력과 범위를 가지고,

여기에서 여기까지만 가능하다는 것을 명확히 말해주세요. 쉽지만은 않을 일입니다. 아이 때문에 주변이 소란스러워지더라도 그 상황을 견딜 수 있는 냉정함이 필요합니다.

....

사례2 ★ 윤서의 다이어트

윤서는 평소에 자기 스스로 좀 못생겼다고 생각하고 있습니다. 윤서네 부모님은 하나밖에 없는 딸이 자꾸 거울 앞에서 투덜거리는 모습을 보고, 늘 "우리 딸이 세상에서 제일 예쁘다."며 마음을 달래려 했지만, 그때마다 돌아오는 윤서의 반응은 이렇습니다.

"엄마, 아빠는 내 엄마, 아빠니까 그런 말 하는 거지. 다른 사람들은 다 그렇게 안 봐."

그러던 어느 날, 윤서는 살을 빼면 지금보다 예뻐질 수 있다며 다이어트를 하기 시작했습니다. 처음에는 무조건 먹는 것을 줄였습니다. 윤서 엄마는 걱정이 되어서 운동을 하면서 음식을 조절하면 어떻겠냐고 권유했지만, 윤서는 운동은 너무 힘들다며 무조건 굶으려 했습니다. 그래도 하다가 중간에 배고프면 그만두겠거니 하고 큰 신경을 쓰지 않았습니다.

하지만 시간이 지날수록 윤서는 대리만족을 위해 유튜브에서 '먹방'을 검색해서 열심히 보고, 살 빼기 위한 여러 가지 검증되지 않는 방법들을 찾아 그것들을 따라 하게 되었죠. 그렇게 두어 달 후 윤서는 드디어 10킬로그램을 감량했다며 가족과 친구들에게 자랑했습니다. 먹는 것을 대폭 줄이고, 화장실을 잘 가게 해준다는 약을 먹으면서 몸무게가 단기간에 10킬로그램이나 빠진 건 사실이었지만, 윤서의 얼굴과 피부, 머리카락은 푸석푸석해졌고, 알고 보니 생리도 안 나오는 상황이었습니다.

부모님은 당장 다이어트를 그만두라고 윤서를 혼냈지만, 친구들은 날씬해진 윤서에게 호감을 보였고 윤서는 그런 사실이 기쁘기만 했습니다. 하지만 윤서의 건강은 계속 나빠졌고, 학교에서도 집에서도 무기력한 모습으로 잠만 자기 일쑤였습니다.

그러던 어느 날, 윤서는 체육시간에 갑자기 픽 쓰러졌고, 병원에서는 '영양실조'라고 말했습니다. 외모에 대한 콤플렉스와 다이어트에 대한 집착 때문에 한창 자라나는 시기임에도 '영양실조'에 걸린 윤서를 보면서 부모님과 선생님은 타이르기도 하고 겁을 주기도 했지만, 윤서는 들으려고 하지 않았습니다. 오히려 고등학교 졸업하면 무조건 성형수술을 할 거라며 완강한 모습을 보이기까지 했죠.

아직 성장기인 터라 잘 먹고, 힘차게 움직이면서 건강하게 지냈으면 좋겠는데 윤서는 오직 외모에만 신경쓰며 건강은 생각도 하지 않으니 부모님은 걱정이 태산입니다. 어떻게 해야 윤서의 외모에 대한 자존감을 키워주고 몸과 마음의 건강함을 되찾게 할 수 있을까요?

···

해법 ♥ 물질주의적 사고의 변형이라고 볼 수 있는 '외모지상주의'는, 성형수술과 미용시술이 횡횡한 우리나라에서 특히 심한 것처럼 보입니다. 남녀노소 할 것 없이 단지 겉모습을 가꾸려고 성형수술을 한다고 하니 아름다운 외모에 대해 과도하게 집착하고 있다는 우려가 듭니다.

사춘기에 접어든 아이들은 급격한 신체 변화와 호르몬 변화를 겪으며 자신의 외모에 많은 관심을 가지게 되죠. 친구들과 외모를 비교하고, TV 화면에 나오는 연예인들의 외모를 부러워하고 그들처럼 예뻐지고 날씬하고 멋있어지고 싶어 합니다. 하지만 자신의 실제 외모와 이상적으로 여기는 외모의 차이를 보면서 자신의 모습을 불만족스럽게 여기게 되고, 소위 외모 콤플렉스(자신의 신체상을 부정적으로 인식하는 마음)라는 열등감에 휩싸이게 되죠. 대부분의 아이들이 이런 증상을 겪는데, 보통은 그냥 단순히 콤플렉스라고 인정하고 불만족한 정도이죠. 하지만 윤서처럼 콤플렉스를 느끼는 마음이 매우 커서 자신의 모든 것을 부정적으로 인식하며 '영양실조'가 걸릴 정도로 극단적으로 행동하는 경우도 있죠.

이런 현상은 자기수용성, 자기인정, 자기존중의 태도, 즉 자존감의 차이에서 비롯된다는 것이 심리학자들의 공통된 견해입니다. 자아존중감은 개인의 외적 성장 및 바람직한 성격 발달, 환경에 대한 적응력, 긍정적 자기실현 성취에 있어 매우 중요한데, 인간의 주체적인 사고와 행동에 연결고리로 작용해 우리의 삶에 지속적으로 영향을 미칩니다.

보통 자존감은 타인과의 비교를 통해 형성되고, 자신의 신체상에 중요한 영향을 미치기 때문에, 아이들이 자신의 신체상에 대해 불만족하게 느끼면 자존감이 떨어질 수 있다고 말합니다.

사실 윤서는 보통의 외모를 가진 아이일 것입니다. 먼저 부모는 윤서가 '영양실조'에 걸릴 만큼 외모 콤플렉스로 많이 고민하고 스트레스를 받았다는 것을 이해해주고, 사춘기 시절 외모에 대한 고민은 당연하고, 엄마, 아빠도 윤서만 할 때 다 겪었던 것임을 편하게 얘기해주는 것이 좋습니다. 그러면서 외모라는 것은 매우 주관적인 평가라는 사실과 개인의 매력은 모두가 다 다르다는 사실을 이해시켜야 합니다. 개인마다, 시대마다, 성별에 따라 외모와 매력을 평가하는 기준이 너무도 다르다는 것을 깨닫게 해줘야 합니다.

혹시 부모가 먼저 윤서의 외모 콤플렉스를 자극할 수 있는 말이나 행동을 자주 한 것은 아닌지 돌아봐야 합니다. 함께 TV프로그램을 보면서 연예인의 외모에 대한 평가를 자주 한다든지, 외모로 사람의 성격을 판단하고 선입견을 가진 말을 자주 한 것은 아닌지 반성해야겠죠.

또 윤서의 자존감을 높여주겠다며 갑자기 과하게 외모에 대해 칭찬하는 것은 좋지 않습니다. 과장된 외모 칭찬보다는 윤서가 가진 다른 장점들, 예를 들면 심부름을 잘한다든지, 책을 많이 읽는다든지, 주변 사람들을 잘 웃긴다든지, 강아지를 잘 돌봐준다든지 하는 자질과 행동에 대해 진심 어린 칭찬을 해주는 편이 자존감 회복에 도움이 됩니다. 이로써 윤서는 스스로 자신의 매력과 개성을 찾을 수도 있을 것입니다.

덧붙여 몸의 건강을 유지하는 것의 중요성도 윤서가 배워야 할 덕목이 아닌가 싶습니다. 신체와 정신은 분리된 것이 아닙니다. 특히 청소년기의 건강한 몸과 마음의 성장은 행복한 인생을 사는 데 있어 필수적인 요소입니다. 건강한 아름다움이 가장 매력적이라는 진리를 터득하도록 이끌어주어야 할 것입니다.

··

사례3 ★ 자위행위는 나쁜 것인가

내성적인 성격의 병수는 또래의 친구들에게 인기가 많은 편은 아니었으나 종민, 진영과는 절친한 친구 사이다. 그러나 요즘 들어 병수는 방과 후 그들과 어울리지 않고 곧장 귀가하는 날이 많아졌다. 귀가 후에도 예전처럼 동생과 함께 농구를 하러 나간다든지 누나와 함께 닌텐도 게임을 하는 일도 드물어졌다. 곧장 방으로 들어가지만 정작 공부를 하는 것은 아니었다. 책이 손에 잡히지도 않고 즐겨 하던 게임도 이젠 별로 흥미롭지 않다.

요즘 병수는 자위행위를 경험하기 시작했다. 병수에게는 그 새로운 경험 자체가 감당하기 힘들기도 하지만 이에 대한 후회와 자책감 때문에 더욱더 우울해지고 혼란스럽다. 이 문제에 대해서는 친구 종민이나 진영과도 상의해본 적이 없다. 창피하기도 하고 자존심이 허락하지 않기 때문이었다.

병수가 보기에는 자위행위가 그들에게는 문제가 되지 않는 듯하다. 그들의 천진난만한 태도가 병수를 더 괴롭게 만들고 있다. 병수는 자신만이 어쩌다 이 나쁜 행위에 빠져들게 되었는지 걱정이 되고 그러한 자신이 불결하게 느껴지기도 한다. 이러다 병적으로 집착하게 되는 것은 아닐까 하는 불안도 생긴다. '이런 생활이 계속된다면 신체에 이상이 생기진 않을까?' 병수는 하루일과 중 고민하는 시간이 늘고 있다. 빨리 이 생활에서 벗어나고 싶은 마음이 간절하지만 마음먹은 대로 절제가 잘 되지 않는다. 병수는 자제력이 부족한 자기 자신에 대한 실망으로 매사에 자신감마저 잃고 있다.

••

해법 ♥ 오래전 서구에서는 자위행위가 자연의 법칙을 위반하는 죄악이라는 견해가 지배적이었습니다. 또한 빈번한 자위행위는 정신력 약화, 정신이상, 불임, 기형아 출산 등의 결과를 초래하게 된다고 믿었죠. 그러나 이제는 더이상 자위행위를 죄악으로 보지 않습니다. 성장기의 자위행위는 생리적으로, 심리적으로도 극히 정상적인 것이죠. 어떠한 신체적인 문제도 일으키지 않는다는 것은 이미 상식화된 지 오래입니다. 오히려 호기심이 많은 시기에 성욕을 배출하는 출구 역할을 한다는 점에서 유해하다고만 보는 것은 무리인 듯싶기도 합니다.

전통적으로 기독교권 내에서는 자위행위가 언제나 옳지 못하다는 입장이 주류를 이루어왔습니다. 그러나 성경에서 자위에 대한 직접적인 언급은 한 구절도 찾아볼 수 없으며, 단지 "남편은 아내에게 남편으로서의 의무를 다하고, 아내도 그와 같이 남편에게 아내로서의 의무를 다하도록 하라. 아내는 자기 몸을 마음대로 주장하지 못하고 남편이 주장하며, 이와 마찬가지로 남편도 자기 몸을 마음대로 주장하지 못하고 아내가 주장한다."(고린도전서 7:3~4)는 구절이 있긴 합니다.

하지만 자위행위 자체에 대하여 죄의식을 가질 필요는 없으며 근본적으로 각자의 이성에 맡기는 것이 가장 합리적인 방법이라고 생각합니다. 다만 무절제하게 빠져드는 것을 막기 위해서는 부모님의 입장에서 관심을 갖고 외향적인 성격으로 유도하는 것이 바람직하겠죠. 무조건 꾸짖는 것은 아이에게 수치심과 죄의식을 갖게 하여 아이의 장래에 악영향을 미칠 우려가 있으므로 삼가야겠습니다.

: 중국 _ 청렴함과 겸손함을 물려주어라

"검소하면 성공하고 사치스러우면 실패한다는 것은 역사의 규칙이다. 그러나 사람들은 왕왕 실패한 후에야 이것을 깨닫는다."

중국 송나라 때의 재상 사마광의 이 유명한 문장은 오히려 집안이 번성할 때 쓴 것이라고 합니다. 검소함을 숭상하면서 동시에 사치의 폐해를 여러 각도에서 지적하고 있지요. 전문은 길지만, 핵심만 소개해보도록 합니다. 글의 논점은 두 가지로 요약될 수 있습니다.

첫째, 군자나 소인을 막론하고 검소하면 덕을 기르고, 사치하면 악을 부른다.

둘째, 자손을 위하여 재물을 모으고, 예의를 각박하게 베푸는 부모들의 이런 행위는 우둔한 짓이다.

덕이 있는 사람들은 모두 검소하고 욕심이 적습니다. 군자가 욕심이 적으면 사물에 끌려다니지 않게 되고, 그러면 올바르게 도를 행할 수 있으며, 소인이 욕심이 적으면 몸가짐을 조심하게 하고 절약하여 죄에서 멀어지고 집안을 풍요로이 한다고 했습니다. 그래서 검소함은 덕과 공존하는 것입니다.

반대로 군자가 욕심이 많으면 부귀를 탐하게 되어 도에서 벗어나고 재난을 부릅니다. 소인이 욕구가 많으면 추구하는 것이 많고 분수에 넘치게 되어 집안을 망치고 건강을 잃게 된다고 합니다. 그러므로 사치함은 악을 키우는 것이라고 하지요.

재물을 모은 선대들은 재산으로 후대를 이롭게 하지만, 진실로 이롭게 하는 이들은 드뭅니다. 후세를 위해 가문을 번창하게 한다고는 하지만 재산을 물려주는 것에 지나지 않지요. 땅은 굽이굽이 이어지고, 저택과 가게는 골목골목을 휘영청 돌고, 곡식은 창고에 가득하며, 금과 비단은 상자에 가득한데도 떨떠름하니 여전히 만족을 못 합니다. 욕심이란 끝이 없는 것이니까요.

물질은 살아가는 데에 없어서는 안 되는 것입니다. 하지만 지나치게 추구하면 누가 되지 않는 경우가 드뭅니다.

자손이 현명하지 못하다면 금은보화를 집안 가득 쌓아 놓아도 무슨 보탬이 될까요. 그렇다면 성현들 뜻이 자손이 궁핍하게 사는 것을 뻔히 알고도 돌보지 않아야 한다는 말일까요? 당연히 그런 뜻은 아닙니다. 그보다 옛 성현들은 자손에게 재물 대신 청렴과 검소함을 물려주는 것이 자손대대로 더 이득이라는 것을 알고 있었습니다.

: 네덜란드 _ 소박함을 물려주는 부모들

2017년 네덜란드에서 자녀를 기르고 있는 두 여성이 쓴 책이《세상에서 가장 행복한 아이들》이란 제목으로 출간되었습니다. 이 책에는 제목대로 네덜란드의 아이들이 왜 '가장' 행복한지 크게 세 갈래로 나누어 설명하고 있습니다. 그중 가장 핵심이 되는 한 가지 비결을 소개하려고 합니다.

바로 '낮은 기대와 어울려 사는 검소한 삶'입니다.

네덜란드의 부모들은 자녀가 또래보다 뛰어난 아이가 되기보다 편안한 삶을 살기를 바라고 있습니다. 부모들은 주당 29시간을 일하고, 적어도 일주일에 하루는 자녀들과 함께 시간을 보내는 것으로 떼어 놓습니다. 물론 부모들 자신만을 위한 충전의 시간도 마련하지요.

학교생활도 이와 같은 맥락으로 진행됩니다. 우리 아이가 공부 잘하기만을 바라는 것이 아니라 즐겁게 공부하는 학교에 편안한 마음으로 다니기를 바라는 것이지요. 기대를 낮추고, 높은 허들을 바라보지 않습니다.

또한, 네덜란드 사람들은 대부분 무척 검소합니다. 가족끼리 돈이 많이 들지 않는 간단한 여가활동을 택하고, 친구와 친척들을 초대해서 즐거운 시간을 보냅니다. 비싸고 좋은 물건보다도 행복한 시간에 더욱 가치를 둔다고 합니다.

이러한 시간 속에서 자녀들은 부모들이 살아가는 소박한 생활방식, 낭비하지 않는 삶을 보면서 자신의 삶으로 수용하고, 지위나 부에 연연하지 않게 됩니다. 아주 자연스럽게 자제하고, 절제하는 법을 배우게 되는 것이지요.

세차게 돌아가는 사회, 과소비가 만연하는 사회에서는 필요한 돈을 벌기 위해 체력 이상으로 장시간 노동을 하게 되고, 그 결과 정신적 피로감도 따라와서 불행하게 될 수밖에 없지요. 이미 네덜란드인들은 행복은 물질적 풍요보다 검소하고 소박한 삶에 뿌리를 두고 있다는 것을 잘 알고 있습니다.

하지만 여기에서 짚고 넘어가야 할 사실이 있습니다. 이는 단순히 개인의 의지나 가치관만으로는 이뤄낼 수 없는 벽이 있다는 것입니다. 사회 전체적인 문화가 흘러가는 방향과 경제적인 기반이 함께 갖추어져 있어야 한다는 점을 잊지 말아야겠습니다.

• 6장 •
신의와 신뢰

• 신의란 무엇인가?

'신의(fidelity)'가 믿음을 심는 일이라면 '신뢰(trust)'는 그 결과로, 서로 믿을 수 있는 관계에 있음을 의미합니다. 신의를 쌓아가는 가운데 서로 신뢰 관계가 형성되고, 그러한 관계를 맺은 사람들이 모여 신뢰 사회를 만듭니다. 신의와 신뢰는 아주 밀접한, 손바닥과 손등의 관계에 있는 덕목입니다. 그리고 이 두 덕목에 공통으로 담긴 것은 바로 '믿음'입니다.

신의는 사람이나 대상에 대한 진실한 마음을 의미합니다. 어떤 일이 있든 내가 중요하다고 믿는 것을 끝까지 지켜냅니다. 신의는 시간의 시험대를 굳건히 헤쳐나갑니다. 의지를 가지고 어떤 길에 들어서면 어떠한 난관이나 유혹에도 그 길을 걷기를 고수합니다.

또한 신의는 거센 물살의 한가운데에 버티고 서 있는 바위와도 같습니다. 여기에서 중요한 것은 자신이 가진 믿음과 원칙입니다. 막무가내로 고집을 부리는 것이 아닌, 스스로 생각하는 옳은 길을 지키는 것이지요. 기본을 지키고, 원칙에 따라 정돈된 삶을 사는 것이 바로 신의입니다.

이러한 소중한 덕목인 신의가 없다면 기준이 매일, 혹은 상황에 따라 달라질 것입니다. 믿음의 기준이 이리저리 휩쓸립니다. 이렇게 갈대 같이 흔들리는 이를 보면, 다른 사람들은 이 사람이 무엇에 기본을 두고 사는지조차 알 수 없겠지요. 어쩌면 그 자신조차도 모를지 모릅니다. 신의가 있는 사람과 한 번 친구를 맺으면 그 관계는 영원히 가게 될 것입니다.

• 왜 신의가 필요한가?

세상 모든 일을 믿지 못한다면 모든 것을 일일이 확인하고, 직접 통제해야 직성이 풀릴 수밖에 없습니다. 잠시라도 마음을 놓지 못하고 매사를 염려하는 괴로움이 닥칩니다. 태양이 내일 아침에 뜨리라는 믿음이 없고 근심 걱정에 휩싸인다면, 밤에 잠인들 편히 잘 수 있을까요. 타인을 신뢰하면, 우리는 그를 믿고, 하고 싶은 일에도 열중하고, 불필요한 에너지를 소모하지 않을 수도 있습니다.

나를 믿는 것, 나의 생각과 행동을 신뢰하는 것도 성장을 위한 전제가 됩니다. 나에 대한 믿음이 없다면 행여 내가 과오를 범하지 않을까, 실수라도 하지 않을까 걱정이 그칠 날이 없을 것입니다. 자신감을 가지고 정진하는 가운데 성장과 발전을 기대할 수 있지 않을까요?

사람들 간 신의가 없다면 합의나 약속은 아무런 의미가 없습니다. 약속을 한들 지키리라는 보장이 없지요. 신의가 있을 때, 진실을 나누고 본분을 지키며 최선을 다할 것이라는 기대를 할 수 있을 것입니다.

• 어떻게 신의를 익힐까?

먼저 어른들이 신의라는 덕목을 얼마나 소중히 여기는지 자녀들에게 알려줍니다. 부부라면 서로가 얼마나 의리를 지키는지, 서로 필요한 존재인지를 인식하면서 신의는 소중해지죠. 부부지간이 아니어도 좋습니다. 사람과 사람 간의 약속을 지키려는 자세, 의심보다는 먼저 믿어주는 마음의 여유를 보여주는 것에서 자녀들은 신의가 무엇인지 쉽게 알 수 있을 겁니다.

신의를 지킨다는 것은 약속을 지키는 것과 일맥상통합니다. 먼저 상황을 꼼꼼히 살펴서 지킬 수 없는 약속은 하지 않도록 노력해야 합니다. 실천할 수 없는 일, 아직 결과가 나오지 않은 일을 미리 떠벌리지 않도록 주의해야겠지요. 무엇보다도 인간관계에서, 등 뒤에서 험담하는 일은 절대 삼가야 할 일일 것입니다. 혹시 기분 나쁜 일이 있었다면 상대방에게 직접, 조용히 이야기하는 것이 좋겠습니다. 또 새 친구가 생겨서 그 친구가 너무 재미있다고 해서 예전 잘 지내던 친구 사이를 소홀히 해서도 안 될 것입니다.

신뢰하는 사람들 사이에서 그것을 지켜가는 것도 쉬운 일은 아니지만, 아직 신뢰가 형성되지 않은 사람들 간에 신뢰를 쌓기는 더욱 어렵습니다. 누군가가 다소간 손해 볼 것을 각오하고 먼저 기다리고 신뢰를 주는 행위가 필요하겠지요. 그러면 상대방도 그것을 믿고 함께 신뢰를 보낼 것입니다. 서로 믿지 못할 경우, 서로 손해를 보면서 또 손해를 끼치기도 하는 불신의 딜레마에 빠져버릴 것입니다.

사례1 ★ 약속이 겹쳤을 땐 어떻게?

오래전부터 시골 외갓집에 가고 싶어하던 동혁이가 드디어 이번 토요일에 부모님과 함께 시골 외할아버지댁으로 놀러가게 되었다. 동혁이가 내려온다는 반가운 소식에 외할아버지께서도 손자를 기다리고 계셨다.

그런데 오늘 갑자기 동혁이에게 곤란한 일이 생겼다. 이번 토요일에 같은 반 여자 친구인 예진이가 동혁이를 생일파티에 초대한 것이다. 게다가 동혁이는 지난번 환경 정리를 하다가 예진이와 다툰 적이 있었다. 그 후로 동혁이와 예진이는 아직 화해를 못하고 있는 상태이다. 예진이가 이번에 동혁이를 자기 생일파티에 초대한 것은 이제 그만 화해를 하자는 뜻이 담겨 있는 듯하다. 그런데 그게 하필이면 이번 토요일 외출 계획과 겹쳐 버린 것이다. 난처해진 동혁이는 이 문제를 두고 고심하던 끝에 외할아버지댁에 가는 것을 다음 주로 미룰 수 없느냐고 물었다.

"아빠는 이번 토요일밖에 시간이 없는데?"

동혁이는 무척 난감했다.

그 어느 쪽도 포기할 수 없는 동혁이에게 어떻게 조언해줄 수 있을까? 동혁이는 원래 계획대로 시골 외할아버지댁으로 가야 할까, 아니면 시골에 가는 대신 예진이의 생일잔치에 가야 할까?

....

해법 ♥ 부모님, 그리고 외할아버지, 외할머니와의 약속과 친구의 갑작스러운 생일파티 초대로 난처해진 상황입니다. 동혁이는 여자 친구 예진이가 사과의 뜻으로 생일잔치에 초대했으니 거기에 무척 가고 싶은 상태겠지요? 게다가 생일은 일 년에 한 번 돌아오지만, 시골 외할아버지께는 다음에도 갈 수 있는 일이라고 생각할 수도 있습니다. 그리고 외할아버지는 마음 넓은 어른이시니까 동혁이 사정을 더 잘 이해해주실 수 있지 않을까요?

이해심이 큰 사람과의 약속은 사실 그에 예민한 사람과의 약속보다 변경하거나 깨는 데에 부담이 적은 것이 사실입니다. 게다가 자신을 가장 잘 이해해주는 사람은 가장 가까운 사람이기도 합니다. 하지만 이런 상황이라고 해서 가까운 사람들, 나를 크게 이해해주는 이들과 한 약속을 가볍게 생각하면 안 되겠습니다.

위의 사례를 보면 예진이는 화해하는 의미에서 자기의 생일에 동혁이가 와주기를 바라고 있고, 이는 앞으로 더 사이좋게 지낼 좋은 기회가 될 것은 틀림없겠지요. 게다가 가족이 아닌 친구와 관계가 서먹서먹해졌다면 오해를 풀기는 더 어려웠을 것입니다.

동혁이가 어디를 갈 것인지 선택하는 데에서 가장 중요하게 고려해야 할 점은 바로 누구와 약속을 먼저 했는가입니다. 만약 이번 주 토요일에 부모님과 시골 외할아버지댁에 가기로 했다면 그와 겹치는 약속은 만들지 않는 것이 원칙이겠지요. 예진이 생일파티에 가지 못하는 것은 섭섭하지만 어쩔 수 없는 일입니다.

그래도 너무 원칙의 잣대만을 엄격하게 들이밀기보다는 부모님과 함께 동혁이가 외할아버지댁도 가고, 예진이의 생일잔치에도 참석할 방법을 함께 구해 보는 것은 어떨까요? 예진이의 생일잔치에서 함께 즐거운 시간을 보낸 후 돌아와서 조금 늦은 시간에 출발하는 방법도 있을 것입니다. 이때 동혁이는 외할아버지께 직접 연락을 드리고 조금 늦게 출발하게 되었다고 양해를 구하는 것이 당연하겠지요.

사례2 ★ 친구에게 노트를 빌려줘야 하나

윤정이는 하루가 지난 오늘도 불쾌한 감정을 도저히 떨쳐 버릴 수가 없었다. 자신의 판단과 결정이 옳지 못했을 수도 있다는 생각에 머릿속이 복잡하기도 했지만, 어제 주연이가 마지막으로 내뱉은 말이 자꾸만 뇌리를 맴돌고 있었다.

윤정이와 주연이는 유치원 시절부터 단짝이다. 같은 아파트 단지 같은 동에 살고 있고 엄마끼리도 서로 친해서 어렸을 때부터 친자매처럼 모든 것을 서로 나누며 자랐다. 피아노 학원, 미술 학원도 같이 다니고 운동도 함께 했다. 그러다 보니 은연중 서로를 경쟁 상대로 생각하게 되었다.

초등학교 때까지는 모든 면에서 윤정이가 조금씩 앞서는 듯했다. 윤정이는 특히 음악에 재능이 있어 주위 사람들에게 칭찬을 받는 등, 주연이보다 두드러진 면이 있었다.

그러나 중학교에 들어가면서 주연이가 두각을 나타내기 시작했다. 항상 반에서 1등을 독차지하는 것이었다. 그런 주연이가 내심 부럽기만 했었는데 올해 같은 반이 되면서 주연이보다 공부를 잘하고 싶은 마음이 간절했다. 그러나 아무리 열심히 해도 시험을 보면 꼭 주연이가 조금씩 나은 점수를 받는 것이었다.

그런데 이번 학기 중간고사를 치르기 2주 전에 주연이는 교통사고를 당했다. 크게 다치지는 않아 1주일 입원 후 퇴원했지만, 그동안 학교를 결석할 수밖에 없었다. 주연이가 보충해야 할 부분은 의외로 많았다. 특히 중요 과목인 영어와 수학은 선생님께서 시험에 꼭 출제될 것이라고 강조한 내용들이 있었다. 주연이는 옆자리 친구의 노트를 빌려 모든 과목을 보충하고 정리를 끝냈으나 아무래도 부족한 것 같다며 친구인 윤정이에게 노트를 빌려 달라고 부탁했다.

윤정이로선 내심 이 기회가 주연이를 제치고 1등을 할 수 있는 절호의 찬스라고 생각하고 있던 터였기 때문에 선뜻 응할 수가 없었다. 결국, 이것저것 핑계를 대며 주연이를 피하던 윤정이는 어제 집으로 찾아온 주연이에게 노트를 빌려주고 싶지 않다고 솔직히 말했다.

뜻밖의 거절에 당황해하며 그냥 집으로 돌아갔던 주연이는 얼마 후 전화를 걸어왔다. 주연이는 윤정이에게 크게 실망했다고 말하며 이런저런 말끝에 자신에게 이런 사고가 생길 것을 평소에 바랐던 것 아니었느냐고 쏘아붙이기까지 한 것이다.

윤정이가 어떻게 해야 했을까?

•••

해법 ♥ 윤정이가 한 번이라도 주연이를 이겨보고 싶은 마음이 앞섰네요. 그러던 중 주연이가 교통사고를 당했고 친구에게는 안됐지만, 이 기회가 어쩌면 주연이를 이길 기회가 되리라고 생각했겠군요. 어쩌면 주연이를 친한 친구로 편하게 생각했었기 때문에 솔직하게 노트를 빌려주고 싶지 않다고 이야기했을 수도 있습니다.

그러나 '공정한 경쟁'의 측면에서 한 번 이 사례를 보겠습니다. 공정한 경쟁은 똑같은 조건이 주어진 상황에서 같은 출발선상에서 같은 시간에 뛰어나가 능력을 최대한 발휘하는 것입니다.

선의의 경쟁이란, 경쟁하는 이들끼리 서로 불이익을 주는 것이 아니라 공정한 과정을 거치면서 서로의 능력을 최대로 발휘하도록 동기가 되어주는 페이스메이커 역할을 서로서로 해주는 것입니다. 주연이보다는 조금 뒤처졌던 성적을, 공부하는 방법과 환경을 바꾸면서 노력하는 것이 바로 선의의 경쟁이라 할 수 있겠습니다.

교통사고를 당해서 노트 필기를 못 한 주연이가 믿었던 친구에게 노트마저도 빌리지 못했을 때의 섭섭한 마음도 이해됩니다. 윤정이로서는 사실 공정한 대결이라는 기준에서 볼 때 노트를 빌려주는 것이 주연이에게 점수를 먼저 내주는 것이 아니라 결석으로 인해 불리해진 조건을 기꺼이 채워주는 것이었는데 말이지요.

주연이를 경쟁 상대로 생각하는 것은 사실 우리나라 교육 환경에서 이상한 일이 아닙니다. 그러나 친구로도 생각했었다면 주연이가 꼭 필요로 한 부분을 힘껏 도와주었으면 좋았을 텐데, 이 부분이 아쉽습니다.

★ **친구를 위해 딱 한 번만?**

철수와 영수는 단짝이다. 철수는 반에서 우등생이고 영수는 성적이 형편없지만, 이 둘은 누구보다 가까운 사이였다. 철수와 영수는 집도 한 동네이고 어렸을 때부터 친형제처럼 사이가 좋았다. 영수는 철수가 어려움을 겪고 있을 때 도움을 준 적이 있다. 불량 학생들이 철수를 때리려고 할 때 싸움을 잘하는 영수가 그들로부터 보호해주었던 것이다.

그러던 어느 날이었다. 영수가 철수에게 간곡하게 부탁을 해왔다. 영수의 아버지께서 말기 암 진단을 받아 앞으로 6개월밖에 못 사실 것 같다면서, 마지막으로 아빠를 기쁘게 해드리기 위해서 성적을 올리고 싶은데 자신이 없으니 철수에게 시험 답안지를 보여 달라는 것이었다.

철수는 평소에 자기와 친했던 영수를 돕고 싶지만, 시험 답안지를 보여주다가 들키는 날에는 선생님의 신뢰를 한꺼번에 잃고 이제껏 좋은 성적을 유지해왔던 것에 대해서도 불신을 받게 될까 봐 두려웠다.

그뿐만 아니라, 시험 답안을 보여주는 것은 옳지 않다는 생각도 들었다. 하지만 돌아가시기 전에 아빠를 기쁘게 해드리고자 하는 영수의 간곡한 부탁을 거절하기도 어려웠다. 이럴 때 철수는 어떻게 해야 할까?

· ·

해법 ♥ 위의 사례에서 철수가 영수의 부탁을 뿌리치기가 쉽지만은 않을 것 같습니다. 절친한 친구의 부탁인 데다가 아버지가 위중하시니 말입니다.

결론부터 말씀을 드린다면 철수는 영수의 부탁을 거절해야 할 것 같습니다. 시험 답안지를 보여주는 것을 선생님께 들키는 것은 두 번째 문제이고, 영수가 그렇게 남의 답안지를 보고 성적을 올리는 방법이 옳지 않기 때문입니다. 의도는 좋은 성적으로 아빠를 기쁘게 해드리고 싶었다고 하지만, 이런 옳지 않은 과정을 안다면 영수의 아빠가 정말로 기뻐하실까요?

물론 영수 아빠가 영수와 철수 사이의 일을 눈치채실 가능성은 거의 없습니다.

하지만 그것이 옳지 않은 일이라는 것은 누구보다도 영수와 철수, 두 사람이 제일 잘 알고 있을 것입니다. 위중하신 아빠를 기쁘게 해드리는 일이라면 시험 부정행위뿐 아니라 도둑질 혹은 그보다 더 나쁜 일도 마다하지 않아야 할까요? 아마도 아빠가 돌아가시기 전, 기쁘게 해드릴 방법은 따로 있지 않을까 생각해봅니다.

성적을 올리고 싶은 강한 동기를 지닌 영수는 그 마음 그대로 꾸준히 자신의 실력을 향상시키는 것이 좋지 않을까요? 남의 답안지를 보고 일시적으로 시험 성적이 오르는 것이 아닌, 진정한 자기의 실력을 닦는 것을 아빠는 – 살아 계시든 혹은 안타깝게도 돌아가시고 난 뒤라도 – 더욱 기뻐하실 것입니다. 아니, 아빠의 기쁨 때문만이 아니라 영수의 삶 전반을 놓고 보더라도 그것이 훨씬 더 좋은 선택이 될 테지요.

사례4 ★ 약속은 반드시 지켜야 하나

형구와 대희는 어느 대기업에서 주최한 과학 발명 대회에 공동 출전하기 위하여 지난 3개월 동안 함께 연구해왔다. 형구의 아빠는 둘의 연구를 격려하는 의미에서, 만일 대회에 나가서 대상을 차지하게 된다면 형구에게 20만 원을 주기로 약속하셨다. 형구는 대희에게 어디까지나 이 연구는 둘이서 함께 한 것이니 대상을 타게 되면, 그 중 10만 원은 대희에게 꼭 주겠노라고 약속했다. 형구는 내심 이 기회를 통해 가정 형편이 어려운 대희를 조금이라도 도와주고 싶었던 것이다.

그들은 그 대회에서 정말 대상을 차지하였고, 부상 이외에 형구는 아빠로부터 약속대로 20만 원을 받았다. 형구는 계획했던 대로 10만 원은 대희에게 주고 나머지로는 평소에 사고 싶었던 블루투스 이어폰을 살 생각이었다.

그러나 다음 날 형구는 10만 원으로는 원하는 이어폰을 살 수 없다는 사실을 알게 되었다. 사려던 모델의 가격이 올랐던 것이다. 형구는 한순간 대희에게 10만 원을 주겠노라고 약속한 일이 후회스러워졌다. 그 모델을 살 수 있게 되길 얼마나 손꼽아 기다렸던가! 대희에게 사정 얘기를 하고 5만 원만 주면 어떨까? 그도 이렇게 된 상황을 이해해줄지도 모른다.

'어쨌든 그 돈은 아빠가 나에게 주신 돈이므로 내게 결정권이 있는 것이 아닌가? 원래 대희 몫이 정해져 있는 것도 아닌데 꼭 10만 원을 채워야 할 필요는 없지 않을까?'

그러나 형구는 차마 그런 결론을 내릴 수가 없었다. 극구 사양하는 대희에게 그 돈은 어디까지나 공동 연구에 대한 보상이니 꼭 나누어 가져야만 한다고 설득했던 자신을 떠올렸다.

지난 3개월 동안 둘은 크고 작은 약속들을 서로 성실히 이행했다. 연구를 위해 함께 만나는 시간에서부터 각자 분담해서 해오는 과제물의 완성 일자에 이르기까지 함께 계획하고 정한 일들은 꼭 지켰다. 서로에게 그렇게 성실했기 때문에 착오 없이 공동 연구가 진행될 수 있었고 또 좋은 성과를 얻게 된 것일지도 모른다. 형구는 평소에 약속의 이행이 얼마나 중요한 것인지 잘 인식하고 있었고, 또 그러한 자신에게 자부심을 가지고 있었다. 만약 이번 약속을 지키지 않는다면 대희는 그를 어떻게 생각할까?

....

해법 ♥ 대회에서 대상을 타면 같은 팀 대희에게 10만 원을 주겠다고 했던 약속을 지키기가 싫어진 마음, 그 상황도 이해가 갑니다. 그러나 약속을 하는 것은 어떤 상황이 벌어진다 하더라고 그렇게 지키겠다는 의지를 표명한 것이죠.

사회적인 약속들, 예를 들어 부동산 계약이나 은행 거래상의 계약들은 그 기간에 일부 조건들이 한쪽에 유리하게 바뀌었다고 해도 계약 당시의 내용을 끝까지 지켜야 하지요. 이렇듯 형구는 대희를 상대로 구두로 계약을 한 셈입니다.

당연히 법적 구속력은 없는 개인적인 약속일 뿐입니다. 블루투스 이어폰의 가격이 오른 것은 사실 형구가 감당할 몫이지요. 그리고 형구가 대희에게 10만 원을 주어야 하는데 이런저런 사정으로 반 밖에 나누어주지 못할 것 같다고 상황을 설명한다면 어떤 일이 벌어질까요? 물론 대회가 그 돈을 먼저 가져야 한다고 한 것도 아니었고, 형구가 호의로 함께 나누자고 먼저 제안한 것이었기 때문에 불이익도 생기지 않을뿐더러, 어쩌면 충분히 이해할 수 있는 상황일지도 모릅니다.

그러나 형구로서는 약속을 온전히 지키지 못한 것 때문에 가격이 오른 이어폰을 얻는 대신 자긍심을 잃을 수도 있다는 것을 잊지 말아야겠습니다.

: 중국 _ 현자를 가까이하고, 소인을 멀리하라

아래 인용문은 중국 명나라 때 장이상이라는 사람이 자신을 갈고 닦기 위해 지은 글입니다. 그는 사람으로서 살아가는 방법을 세 가지로 나누어 제시하고 있습니다.

첫 번째는 집안의 화목입니다. 이는 마치 봄날에 햇빛이 비치는 것과 같다고 말하지요. 집안이 화목해야 하는 일이 순조롭다는 것은 새삼 들출 필요도 없을 것입니다. 다음으로 그는 생산에 종사하는 사람도 사람의 도리에 주의를 기울여야 한다고 합니다. 끝으로 그는 현자(賢者)를 가까이하고 소인(小人)을 멀리해야 함을 역설하고 있는데, 특히 사람을 판단하는 방법들을 자세하게 소개하고 있습니다.

"집안에서 생활할 때 빈부를 막론하고 관대하고 온화한 기운이 있어야 한다. 이것은 햇빛이 내리쬐는 봄날의 분위기이니 만물이 이로 말미암아 성장한다.(중략)
자녀들이 비록 시서(詩書)를 익혔다 하더라도 그들로 하여금 씨 뿌리고 거두는 일을 알도록 하지 않으면 안 된다. 또한 비록 쟁기와 보습을 잡았다 하더라도 시서의 뜻을 알게 해야 할 것이다.

사람이란 귀천을 막론하고, 언제나 사람을 알아보지 않으면 안 된다. 사람을 알게 되면 현명한 사람을 가까이하고 못난 사람을 멀리하게 되어, 몸이 편안하고 집안을 보전할 수 있다. 사람을 알지 못하면 현명함과 그렇지 않음이 거꾸로 되고, 가까이함과 멀리함이 어긋나게 되어 몸이 위험하고 집안이 망하게 되는 것은 변치 않는 이치이다.

그러나 사람을 알아보는 것이 사실 어렵고, 가까이하고 멀리한다는 것도 전혀 쉬운 일이 아니다. 현명한 사람은 멀리하기 쉽지만 가까이하기 어렵고, 못난 사람은 가까이하기 쉽지만 멀리하기 어렵다. 현명한 사람을 가까이해야 하지만 갑자기 가까이하게 되는 경우 도리어 의심을 받고, 못난 사람은 멀리해야 하지만 그랬다가는 원망을 받기도 한다.

이를 구별하는 것이 빠를수록 좋으니 그 요령을 들겠다.

- 현명한 사람은 굳세고 곧되, 못난 사람은 매끄럽고 말을 잘한다.
- 현명한 사람은 공평하고 정직하되, 못난 사람은 치우치고 비뚤어졌다.
- 현명한 사람은 겸허하고 공정하되, 못난 사람은 이기적이고 집착한다.
- 현명한 사람은 겸손하고 공손하되, 못난 사람은 교만하고 태만하다.
- 현명한 사람은 공경하고 조심하되, 못난 사람은 제멋대로이다.
- 현명한 사람은 양보하되 못난 사람은 다투고, 현명한 사람은 정성

스럽고 솔직하되 못난 사람은 음흉하며 속인다.

- 현명한 사람은 우뚝 서되, 못난 사람은 빌붙는다.
- 현명한 사람은 무게를 유지하되, 못난 사람은 잽싸다.
- 현명한 사람은 남의 성공을 기뻐하되, 못난 사람은 남의 실패를 즐거워한다.
- 현명한 사람은 자신을 감추는데 못난 사람은 드러내며, 현명한 사람은 관대하고 자애로우나 못난 사람은 각박하고 잔인하다.
- 현명한 사람은 욕구가 담백한 데 비해 못난 사람은 권세와 이익에 들뜨며, 현명한 사람은 몸가짐을 엄격하게 하는 데 비해 못난 사람은 남을 심하게 구속한다.
- 현명한 사람은 침착하여 일정한 데 비해, 못난 사람은 깊은 맛이 없고 얕음을 보인다.
- 현명한 사람은 가까운 이에게 후덕하되, 못난 사람은 가까운 이에게 각박하다.
- 현명한 사람은 행동이 말보다 돈독하되, 못난 사람은 말이 실질을 넘어선다.
- 현명한 사람은 자신을 뒤로하고 남을 앞세우되, 못난 사람은 자신을 앞세우고 남을 뒤로한다.
- 현명한 사람은 선한 일을 보면 거기에 미치지 못할 듯이 하고 남의 선한 일을 즐겨 말하지만, 못난 사람은 현명하고 능력 있는 사람을 시기하고 남의 악한 일을 거론하기 좋아한다.

• 현명한 사람은 하소연할 곳이 없는 약자를 괴롭히지 않으며 강한 사람을 두려워하지 않으나, 못난 사람은 부드러우면 삼키고 뻣뻣하면 뱉는다.

이와 같이 현명한 사람과 못난 사람은 흰 것과 검은 것, 얼음이나 숯처럼 확실하게 다르니 언제나 공적인 것과 사사로운 것, 의리와 이익을 벗어나지 않을 뿐이다."

7장

청결과 순결

• 청결이란 무엇인가?

'청결(cleanliness)'과 '순결(chastity)'은 모두가 깨끗함을 지키는 것입니다. 청결이 육체적인 것과 관련된다면 순결은 정신적인 면과 관련이 깊다고 할 수 있습니다. 그러나 몸은 마음을 담는 그릇이라고 하였지요. 육체적인 것과 정신적인 것, 즉 마음과 몸이 엄밀히 둘로 나뉠 수 없기 때문에, 청결과 순결 또한 서로 많은 부분에서 겹친다고 할 수 있습니다.

깨끗이 몸을 닦고 주변을 정돈하면, 마음이 한결 밝아지는 것도 그러한 이유 때문일 것입니다. 청결은 자주 씻고, 정돈함으로써 몸을 깨끗하게 유지하는 것이며, 차림새를 올바르게 하는 것을 의미합니다. 나뿐 아니라 내 주변을 정돈하는 일도 뜻합니다. 특히나 감염병이 횡횡하는 시기에 우리를 지키는 가장 좋은 방역법은 바로 청결이겠지요.

앞서 말했듯이 몸뿐 아니라 마음도 청결하게 하는 것을 포함합니다. 깨끗한 정신은 어떤 일이 닥치든 떳떳하며, 옳은 길로 나아가도록 방향을 잡아줍니다.

• 왜 청결이 필요한가?

자신을 깨끗하게 관리하면 제일 먼저 스스로 기분이 좋아집니다. 주변에도 좋은 인상을 심을 수 있겠지요. 오복 중의 하나라는 치아 관리에도 소홀함이 없어야겠습니다.

청결은 모든 질병으로부터 우리를 보호해줍니다. 외출 후에는 꼭 손을 씻고, 틈이 나면 손 소독제를 바르는 것은 나뿐 아니라 다른 모든 이들의 위생 관리에 도움이 될 것입니다.

내가 사는 집안을 깨끗하게 유지하는 것도 심리적인 안정에 도움이 되지요. 물론 집은 어느 곳보다도 제일 편한 곳이기 때문에 그저 쉬는 공간, 심리적으로 조금은 자유로운 공간일 수 있겠습니다만, 정돈된 상태에서 휴식을 취하는 것이 좋겠지요. 그러면 정신이 맑아져서 새로운 아이디어도 샘솟을 것입니다.

특히 코로나19 바이러스로 세계적인 팬데믹 사태를 겪고 있는 현재와 같은 상황에서는 청결과 위생에 각별히 심혈을 기울여야 하겠습니다. '나 하나쯤이야.' 하고 지나가면 그것이 큰 파동을 일으키게 되어 주변에 심각한 악영향을 끼치게 되지요. 사회적 거리 두기 또한 함께 지켜야 할 일입니다. 우리 모두가 다시 팬데믹 이전과 같은 자유로운 세상을 맞이할 수 있는 방법은 바로 이 청결 관리가 가장 기본이 아닐까 합니다.

• 어떻게 청결을 익힐까?

가장 기초적으로 청결을 유지하는 방법은 늘 손을 씻고, 몸을 씻고, 양치질을 하는 것입니다. 그리고 일을 마친 뒤에는 물건들을 모두 제자리에 두며 주변을 정돈하는 것이지요.

청결은 행동을 올바르고 단정하게 하는 것뿐 아니라 우리가 쓰는 언어를 단정히 하는 것도 포함됩니다. 품위 있는 언어 생활은 사고의 방향도 품위 있게 이끌어줍니다. 옛 성현은 그릇된 말을 하지 않을 뿐만 아니라 몹쓸 말을 들으면 귀를 더럽혔다 하여 흐르는 강물에 씻었다는 이야기도 전해지지요. 밝고 긍정적인 생각을 하며 내 삶의 전반을 청결하게 유지하는 것이 좋겠습니다.

사례1 ★ 어질러진 방은 누가 치워야 하나

"예승아! 오늘은 방 좀 치우자."

"됐어, 내가 알아서 할 거야."

"이런 데에서 어떻게 공부가 돼."

"내가 다 알아서 해."

오늘도 예승이와 엄마는 같은 문제로 실랑이입니다. 쾌활한 성격에 공부에도 꽤 소질이 있는 터라 엄마는 늘 '아이가 스스로 잘 자란 것'이라며 은근히 자랑스러워했는데요, 딱 하나 고쳐지지 않는 문제가 있습니다.

그것은 바로 방 청소. 방에 발을 디딜 틈이 없습니다. 예승이의 방에 있는 물건에는 '제자리'란 없습니다. 그리고 방바닥에 왜 있는지 모를 물건들이 잔뜩 널려 있지요. 교복이나 체육복은 옷걸이에 얌전히 걸릴 틈이 없습니다. 무조건 방바닥에 휙 던져 버립니다.

보다 못한 엄마나 아빠가 들어가서 정리라도 해주려고 하면 엄청 화를 냅니다.

"내 방 물건인데 왜 만져! 내가 알아서 할게! 내가 내 방에서 편하게 있겠다는데 왜 그래!"

TV 프로그램 '세상에 이런 일이' 같은 데에 나오는 쓰레기를 방 한가득 모아두는 사람들처럼 혹시라도 어디에 결핍이 있어서 그런 것인지 걱정마저 됩니다.

모든 것이 제자리에 각 맞춰 놓여 있는 정도의 완벽한 청소를 기대하지는 않지만, 그래도 방바닥에 발을 디딜 공간만이라도 만들 수는 없는 것일까요? 어떻게 하면 정리정돈의 필요성을 예승이가 느낄 수 있을까요? 혹은 정리하는 법을 몰라서 그러는 것인지, 어떻게 하면 정리하는 습관을 들일 수 있을까요?

....

 해법 ♥ 사실 자신과 주변 환경을 청결하게 유지하고 부지
런히 청소하는 일은 하루아침에 습관화되는 것이 아니죠.
그래서 어릴 적부터 왜 신체를 청결하게 유지해야 하는지, 주변 정
리와 청소가 왜 중요한지에 대해 설명하고 반복적으로 훈련시킴으
로써 습관화시키는 일이 중요합니다.

성격도 쾌활하고 스스로 해야 할 일을 알아서 잘하는 예승이가
청결과 청소에 대한 관념이 부족한 것은, 우선 가족들이 생활하는
공동 공간인 집이 잘 정리정돈 되지 않은 경우가 많았기 때문이 아
닐까 싶습니다. 요즘에는 맞벌이 부부가 많아 엄마, 아빠가 아침에
일찍 출근해 저녁에 퇴근하면서 평일에는 집안 청소나 요리 같은
집안일을 소홀히 하는 경우가 많죠. 직장에서 열심히 일하고 퇴근
한 부모님(아직도 대부분은 엄마의 몫이죠)은 집에 돌아오면 다시 출
근한 듯 집안일이 시작된다고 하죠. 그러니 청소나 정리정돈은 주
말로 미뤄지기 일쑤입니다. 아이들도 그런 집안의 모습을 자연스
럽게 여기게 되는 것이죠.

그렇다고 어질러진 상태를 당연시 여기고 청소의 중요성을 간과
한 채 어른이 되어서는 안 될 것입니다. 자신의 몸을 청결하게 유지
하는 것은 자신의 건강뿐만 아니라 가족, 타인을 위해 가장 기본적

으로 지켜야 할 배려입니다. 또 주변을 청소하는 것은 위생상의 문제뿐만 아니라 무질서로 인한 불편함을 해소할 수 있습니다. 둘 다 생활습관과 연결되어 있기 때문에 지금이라도 부모님이 나서서 아이들에게 올바른 습관을 길러줘야 합니다.

우선, 부모님이 솔선수범해서 정리정돈하고 청소하되 예승이에게 함께 청소하자고 제안할 수 있을 것 같습니다. 엄마가 예승이 방을 치워주는 것이 아니라 예승이가 스스로 청소할 수 있게 하는 것이 좋습니다. 일주일에 하루나 이틀, 요일을 정해서 청소하는 날로 규칙을 정하고, 예승이도 자신의 방을 치울 수 있도록 유도하는 것이죠. 이때 예승이의 청소가 혹시 엄마의 눈에 찰 만큼 깔끔하지 않더라도 혼내거나 잔소리하지 말고, 어떤 물건은 어디에 어떻게 놓는 것이 찾기 편하고 깔끔하겠다는 조언을 하는 편이 좋겠습니다. 실컷 열심히 청소했는데 엄마가 또 잔소리하는 것처럼 생각되면 예승이도 반발심이 생길 수 있으니까요.

그리고 다시 입을 옷은 옷걸이에 걸기, 빨랫감은 방에 두지 말고 빨래통에 넣기, 머리카락은 모아서 휴지통에 잘 버리기 등, 간단하면서도 행동하면 바로 정리와 청소의 효과가 있는 것들은 예승이 방 거울에 메모지를 붙여 매일 보면서 실천하게 하면 어떨까요?

여기서 더 나아가, 예승이에게 환경보호의 중요성까지 가르쳐주고 훈련시킬 수 있다면 더 좋을 것 같습니다. 즉 재활용품을 제대로 버리는 연습이죠. 재활용할 수 있는 것과 쓰레기를 분리하고, 재활용품도 종류에 따라 알맞게 버리는 습관까지 길러줄 수 있다면 금상첨화라 하겠습니다.

....

사례2 ★ **더러운 건 딱 질색이야!**

초등학교 5학년생인 수민이는 학교에서도 집에서도 하루에도 수십 번씩 손을 씻습니다.

어릴 때에는 수민이가 다른 아이들에 비해 위생관념이 더 투철한 것 같아 보여 걱정이 없었죠. 그런데 아이가 자라면서 손 씻는 문제 외에도 다른 아이들과 어울려 지내면서 조금이라도 더러운 것처럼 보이는 물건이나 지저분한 장소, 지저분해 보이는 친구 등에 대해서 지나치게 경계하고 멀리하려는 모습을 보고 조금씩 걱정이 되기 시작했습니다.

집에서도 엄마, 아빠에게는 물론, 아직 어린 동생에게도 손을 씻으라고 강요하고, 옷도 조금만 지저분한 것이 묻으면 바로 빨래통에 넣고, 학교 친구들에게도 청결 문제로 잔소리 아닌 잔소리를 많이 해서 아이들과 조금씩 다툼이 있다고, 지난번 상담시간에 선생님께서 슬쩍 얘기해주기도 했습니다.

하루는 가족 외식을 하러 식당에 갔는데, 자리에 앉아 음식을 시키려고 하는데 수민이가 자리에서 일어나면서 "엄마, 여기 수저 너무 더러워. 물컵도 깨끗하지 않은 것 같고. 우리 다른 데 가자."라고 하는 것이었습니다. 조금 당황스럽기도 하고 아직 어린아이인데 눈치도 없이 당돌한 것 같기도 해서 수민이를 조용히 나무랐습니다. 음식점의 위생 상태는 나빠 보이지 않았고, 수저도 실제로 봤을 때

살짝 얼룩이 있었을 뿐 그렇게 지저분한 상황은 아니었습니다. 더불어 주변에 다른 분들은 맛있게 식사를 하고 있는 상황이어서 수민이의 그런 행동이 잘못된 것임을 교육시킬 필요도 있다고 생각했죠.

아직 열두 살밖에 되지 않았는데 소위 '결벽증' 같은 증상을 보이는 수민이가 지금보다 더 심해질까 걱정이 되기도 하고, 그렇다면 커서 그로 인해 주변인들과 괜한 갈등을 겪거나 혹은 너무 특이하고 이상한 사람으로 낙인 찍혀 따돌림을 당하게 되지 않을까 염려됩니다.

어떻게 하면 수민이에게 보통 수준의 청결 의식은 중요하지만, '결벽증'처럼 심해지는 것은 문제가 있다는 것을 이해시키고 교육시킬 수 있을까요?

....

해법 ♥ 요즘처럼 감염병이 유행하는 시기에는 많은 사람들이 결벽증에 가까울 만큼 위생에 철저히 신경 쓰며 살죠. 손도 더 자주 씻고, 외출 때 입었던 옷을 더 자주 세탁하고, 기침이나 재채기 예절도 더 잘 지키면서 말이죠. 청결한 것은 분명 모두를 위해 좋은 행동입니다.

하지만 자신의 청결을 넘어 보통의 타인에게 자신만큼의 청결함을 요구하고, 그로 인해 타인과 실랑이를 일으키는 상황이라면 부모님 입장에서 염려스럽다는 말이 이해됩니다. 사람들은 누구나 나의 자유의지를 침해하려고 하는 외부의 힘, 그리고 대중 앞에서 자신의 존엄성이 훼손되어 부끄럽다고 느끼는 상황을 받아들이지 못하기 때문이죠. 그러니 아이가 위생에 대한 강박적 기질이 더 심해지기 전에 부모님의 도움이 필요합니다.

먼저 부모님 중 누군가가 비슷한 성향이 있는 것은 아닌지, 혹시 수민이가 아기였을 때부터 어지르는 것을 못 참고 계속 따라다니며 치웠거나 수민이가 먹을 때 무언가를 흘리면 나무랐거나 하는 등, 위생적인 측면에 예민하게 행동한 것은 아닌지 돌아봐야 합니다. 결벽증이라는 것이 수민이의 개인적인 성격상의 결함일 수도 있겠지만, 양육 과정에서 부모나 유아 교육기관의 선생님처럼 주변 환경의 영향을 받았을 것이기 때문입니다.

이때에도 부모님의 솔선수범은 수민이에게 좋은 본보기가 될 것입니다. 먼저 부모님이 지저분한 것, 예를 들면 음식물쓰레기 같은 것을 처리할 때 역겨워하지 않고 스스럼없이 만지고, 더러운 것에 민감하지 않게 행동하면서 '모델링'을 해주는 것이 좋습니다. 또 식당에서 행동한 것처럼 수민이가 예민하게 굴어도 다른 사람들이 많은 곳에서 면박을 주기보다는, 다른 사람들도 맛있게 식사하는 걸로 봐서 수민이가 염려할 정도로 지저분한 곳이 아니라는 점을 이해시켜야 합니다.

너무 맑은 물에는 물고기가 살 수 없듯, 현대의 지나친 청결이 다양한 질병의 위험률을 높였다는 과학자들의 의견도 있습니다. 과학자들에 따르면 비만, 천식, 알레르기 등은 과도한 청결과 연관이 있다는군요. 또 항생제의 과잉 사용은 항생제로 쉽게 제거되지 않는 박테리아인 '슈퍼버그', 즉 '항생제 내성세균(MRSA)'이 늘어나는 원인이 됐다고 합니다. 미국 존스홉킨스 의과대학 감염병학과 트리시 펄 교수는, "소화기관에 기생하는 세균이든 피부 표면에 붙어 있는 세균이든 인체에 중요한 역할을 하는 것들이 있다. 이들 중 일부는 인간의 건강한 생활에 도움이 된다."고 강조하기도 했습니다.

따라서 부모님은 수민이에게 청결이 자신과 타인의 건강을 위해 중요한 가치이긴 하지만, 인간의 몸속이나 외부 환경에서 세균이 모두 나쁜 것은 아니라는 점을 알려주고, 강박적인 청결함은 오히려 정신건강에 부정적인 영향을 끼친다는 점도 깨치게 해줘야 할 것입니다. 더불어 정서적 불안을 달래주고 지나친 염려를 할 필요가 없는 환경을 조성해줄 필요가 있습니다.

: 독일 _ 환경을 생각하도록 가르친다

독일의 쓰레기통은 초록, 노랑, 검정 이 세 가지로 나뉘어 있습니다. 어딜 가나 한쪽에 세워져 있는 이 세 개의 분리수거용 쓰레기통을 볼 수 있지요. 초록색은 신문이나 종이 상자와 같은 종이류를 버리는 통이고, 노란색은 재생 가능한 플라스틱류, 그리고 검정색에는 일반 쓰레기를 버리게 되어 있습니다.

노란색 쓰레기통에는 부엌에서 나오는 랩이나 알루미늄 포일 조각, 과자 봉지 같이 자잘한 것까지 버릴 수 있습니다. 수거해 간 쓰레기들은 컨베이어 벨트가 돌아가는 작업대에서 일일이 사람의 손으로 다시 분리해냅니다.

유리병들도 따로 버립니다. 투명한 병과 색깔이 있는 와인병 같은 것은 구분해서 버리며, 병 뚜껑도 따로 버리도록 전용 통을 세워 둡니다. 독일 사람들에게는 쓰레기 분리수거가 성가신 일이라기보다 잠자고 일어나는 일처럼 몸에 익은 생활의 일부분입니다.

학교나 유치원에서도 아이들에게 쓰레기를 분리해서 버리도록 가르칩니다. 유치원에서 아침 식사를 할 때 아이들이 스스로 쓰레기를 분리해서 버리는 모습을 흔히 볼 수 있지요. 식탁 한가운데에는 식기와 우유

병 외에 조그만 바구니 두 개가 더 놓여 있는데, 아침 식사 중에 생기는 쓰레기를 버리도록 마련한 상자입니다.

바구니 한 개는 요구르트병이나 빵 포장지, 비닐봉지 등을 모아 놓고, 나머지 한 개에는 음식 부스러기나 과일 껍질 등의 음식 쓰레기를 버립니다. 호기심 많은 아이들은 이렇게 나누어 버리는 이유에 관해 질문하죠. 그러면 선생님은 지구의 환경 오염을 막기 위한 우리들의 배려라고 알려줍니다.

미술 시간에도 아이들은 하얀 백지보다는 재생지에 그림을 그립니다. 복사한 프린터 용지도 쓸모가 없어지면 아이들의 도화지로 둔갑하지요. 우리나라와 마찬가지로 요구르트 통과 같은 플라스틱은 아이들의 만들기 놀잇감으로 사용됩니다. 장난감을 살 때도 나무 소재 장난감으로 마련하지요. 나무 장난감은 다른 소재의 장난감보다 몇 배나 가격이 비싸지만, 긴 안목으로 보면 견고하고 쓰레기 신세로 전락할 일이 거의 없습니다. 장난감으로 쓸모가 없어지면 태워서 완전 연소시키기 때문에 환경 오염의 원인이 되지 않습니다.

독일인들은 시장에 갈 때 에코백을 들고 가는 것이 생활화되어 있습니다. 에코백이 없으면 쇼핑백이 필요할 때 돈을 내고 비닐백을 사야 하기 때문에 잊지 않고 광목으로 만들어진 시장 가방을 챙겨 다니지요. 독일의 아이들은 부모님과 선생님을 비롯한 어른들의 환경을 생각하는 세심한 행동들을 지켜보면서 자신들도 환경 파수꾼으로 성장하게 됩니다.

• 8장 •
존중과 명예

• 존중이란 무엇인가?

'존중(respect)'이란 사람의 존재를 귀하게 여기고 그들의 권리 또한 소중히 대하는 태도입니다. 이는 서로를 대하는 예의 안에서 잘 드러납니다. 상대방에게 말하는 태도, 그리고 그의 주변 사람들을 대하는 태도를 보아도 잘 알 수 있습니다. 존경심을 가지고 말하고 행동하는 것은 상대의 존엄성을 인정한다는 뜻이지요.

특히 우리나라는 부모님, 선생님과 같은 윗사람을 존중하는 것을 중요하게 여겼지요. 나보다 오랜 삶을 살아내신 분들은 나름의 지혜를 지니고 있고, 매사에 요긴한 가르침을 줄 수 있습니다. 그렇다고 해서 아랫사람을 홀대하자는 의미는 절대 아닙니다. 나이 어린 사람들과도 나이를 막론하고 서로 지혜를 주고받는 친구가 될 수 있으며, 손윗사람들도 후배들, 젊은이들에게 충분히 통찰을 얻을 수 있습니다.

'명예(honor)'는 우리가 옳다고 믿는 것을 존중하면서 사는 것, 덕에 따라서 품위를 잃지 않는 것을 말합니다. 이를 지키며 살면 타인에게 모범이 될 수 있지요. 순간적인 잘못된 판단으로 명예를 쉽게 포기해서는 안 됩니다. 명예를 지킬 때, 내가 어떤 사람인지, 무엇을 행하는지 부끄러워할 필요가 없습니다. 선택한 것에 자부심을 가질 수 있지요. 다른 이들의 평가나 평판과는 상관없이 남과 차별화된 삶을 누립니다

• 왜 존중이 필요한가?

존경하는 마음에는 가정이나 학교의 규칙을 존중하는 일도 포함됩니다. 이를 통해 삶이 더욱 평화롭고 질서 정연해질 수 있습니다. 존중하는 마음에서 가장 중요한 것은 바로 자기 존중입니다. 나의 사생활이나 품위, 권리를 스스로 보호하는 것을 의미합니다. 누군가가, 비록 나보다 윗사람일지라도 나의 권리를 침해한다면 즉시 중단하도록 조치해야 합니다. 남녀노소를 불문하고 모든 인간은 존중받을 가치가 있으니까요.

서로에 대한 존경심이 없으면 사람들의 권리도 쉽게 침해됩니다. 당연히 서로 무례하게 대하고, 말도 함부로 내뱉게 되어 언어 폭력이 될 수 있습니다. 자기 존중감이 떨어질 때에는 남들이 나의 권리를 침해해도 그저 무기력하게 놔두게 됩니다. 그 어떤 존재도 가치 없는 존재는 없습니다.

학교나 가정, 나아가 우리 사회의 규칙이나 법규를 존중하지 않고 무시하면 큰 혼란에 빠지게 됩니다. 모든 운전자들이 교통 규칙을 어기게 되면 도로에서 어떤 일이 일어날까요? 타인의 삶의 반경을 존중하고, 의견과 생각을 존중할 때, 그들도 역시 나를 쉽게 대하지 않을 것입니다. 무엇보다도 나 자신을 귀하게 여기는 법을 배워야 하겠습니다. 내가 나를 먼저 사랑하고 존중할 때 타인들도 나를 존중하게 됩니다.

• 어떻게 존중을 익힐까?

존중이나 존경심을 훈련하는 가장 좋은 방법은 남이 나를 어떻게 대해주기를 바라는지 먼저 생각해보고, 그대로 남을 대우하는 것입니다. 나의 소유물, 사생활 권리, 존엄성을 남들이 어떻게 지켜주고 대해주기를 바라는지 생각해보고, 역지사지(易地思之), 즉 입장을 바꾸어보면 됩니다. 다른 사람을 불쾌하게 쳐다보면서 불편을 끼치지 않는 것도 유념해야 합니다. 시선 관리에도 존중하는 태도가 드러나기 때문이지요. 대화하는 중에는 시선을 다른 곳에 두지 말고 이야기를 나누는 이와 부드럽게 마주할 필요가 있습니다.

또한, 존중은 자신의 감정을 온건한 방식으로 표현하는 것과도 관련이 있습니다. 즉 예의 바른 어투에도 나타나죠. 특히 다른 사람이 이야기할 때는 중간에 가로막지 말고 "죄송합니다."라고 하면서 양해를 구한 뒤, 그다음에 이야기를 이어나가는 것이 좋겠습니다. 그리고 자신의 의견을 겸손하게 제시하고, 다른 이들의 의견도 받아들일 수 있는 여지를 열어 놓아야 하겠습니다.

존중이나 존경심을 갖는 것은 매우 중요합니다. 모든 덕목의 기초요 기본이기 때문입니다. 이렇게 중요한 존경심을 익히는 일은 쉽지 않습니다. 존중을 받아본 경험이 없으면 반대로 남을 제대로 존중하기 어렵습니다. 그래서 가정에서 먼저 부모님들이, 자녀들이 어릴 때부터 작은 의견이라도 존중해주는 것이 중요합니다. 자기 존중감은 다른 사람을 존중하는 마음의 기초이자 바탕입니다.

가정 안에서 서로 존중하는 분위기를 만들어보면 어떨까요? 아무리 어린 아이라도 어른들과 똑같은 하나의 존재입니다. 동등한 권리와 인격을 지니고 있습니다. 무슨 일을 시킬 때에도 윽박지르고 강압적으로 말하기보다는, 부드럽게 요청을 해보세요. 그리고 고맙다는 말을 자주 해주어야 합니다. 칭찬과 인정을 아끼지 말아야 합니다. 무슨 일이든 다시 시작할 수 있도록 새로운 기회를 주어야 합니다.

사례1 ★ 나는 훔치지 않았어

중학교 2학년인 현주는 반에서 줄곧 일등을 해온 우등생이다. 예체능 분야에도 재능이 뛰어나서 거의 모든 학교 활동에 활발하게 참여하고 있는 현주는 선생님들로부터 귀여움을 독차지했다. 자연스레 현주는 급우들의 선망의 대상이 되기도 하고, 때로는 시기심에서 비롯된 미움의 대상이 되기도 했다.

이번에 새로 학급 회장이 된 도연이는 그런 현주에게 노골적으로 불쾌감을 드러내곤 했다. "선생님께 잘 보이려 한다.", "잘난 체한다." 하며 사사건건 험담을 일삼았다. 타고난 리더십에다 물질 공세까지 합세해서 자신이 중심이 된 그룹을 점점 확장해가며 은근히 현주를 따돌렸다.

어제 아침 첫 수업이 시작되기 전, 도연이는 현주에게 다가와서 "너, 내 에어팟 훔쳐 갔지? 다 알고 있어."라고 큰 소리로 말했다.

너무 충격적인 말이라 아무 말도 못 하고 쳐다보는 순간, 도연이는 현주에게 "공부만 잘하면 뭐하니? 이 도둑 ×아!" 하고 쏘아붙였다. 더욱 기가 막힌 것은 누구의 입에선가 (물론 도연이의 측근 중 한 명이겠지만) "어제 현주 지갑에서 그 에어팟을 보았다."는 말까지 나오고, "아니 땐 굴뚝에 연기 나겠냐?"며 부추기는 주위의 친구도 있었다. 현주는 철저히 외톨이가 된 기분이었다. 아무도 자신의 결백을 믿으려 하지 않거나 신경을 쓰지 않는 듯했다.

현주는 어떻게 이 누명을 벗을 수 있을 것인지 막막하다. 지금 기분은 학급 친구들 중 누구도 만나고 싶지 않고 학교에 발을 들여놓는 것 자체가 싫다.

. . . .

170

해법 ♥ 안타깝게도 도연이는 잘못하지 않은 사람에게 의도적으로 도둑 누명을 씌우고 있네요. 명백한 범죄 행위입니다. 현주를 지목한 도연이는 물론, 정확한 사실을 알려고도 하지 않은 채 도연이 말에 동조하는 다른 친구들도 안타깝습니다. 자기들보다 성적이 좋은 친구를 따돌리려는 나쁜 의도가 있군요. 여기에서 현주는 더 적극적으로 자신을 방어하면서 문제를 해결해야 하지만, 단체로 몰려들면 심리적으로 정말 힘든 나머지 어떤 판단도 내리기 어려울 것입니다.

따라서 이 문제는 현주 혼자 힘으로 처리할 수 있는 문제가 아니고 부모님과 선생님의 도움을 받아야 합니다.

현주의 부모님이라면 분명히 현주의 결백함을 지지해주어야 하고, 이는 절대 양심에 거리끼는 문제가 아니라는 것을 알려주며 힘이 되어야 합니다. 하지만 이것만으로는 현주에게 씌워진 억울함이 벗겨질 수 없죠. 친구들 앞에서 분명히 현주가 결백하다는 것을 공식적으로 밝혀야 할 것 같습니다. 도연이는 이를 통해 자기의 과장된 모함으로 친구가 얼마나 큰 고통을 당해야 했는지 알아야 하고, 반성해야 하겠습니다.

자녀에게 도덕심은 확실히 자리매김해주어야 합니다. 그리고 부모님은 올바른 도덕심을 갖추는 것과 동시에, 다른 사람으로부터 받는 악의적인 공격에 적극적으로 대응하는 태도 역시 인격 성장에 필요한 덕목임을 가르쳐주고 마음의 힘을 길러주어야겠습니다.

성적표를 받아본 순간 인욱이는 하늘이 노래졌다. 12등. 지난 학기보다 겨우 3
등밖에 오르지 않았다. 인욱이는 성적표를 부모님께 보여드릴 생각을 하니 마음
이 괴로웠다. 교실 복도를 걸어가고 있는데 찬호가 "야! 너의 형 또 전교 1등 했
더라."하며 축하한다고 했다.

축하라고? 웃기는 일이었다. 형이 공부를 잘해서 상대적으로 열등생 취급을 받
아야 했던 인욱이로서는 축하받을 기분이 들지 않았다. '형이 또 일등을 했으니
부모님께서 내 성적표를 보고 얼마나 한심해 하실까?' 이럴 때는 집이 너무 싫다.

집에 도착하자마자 엄마가 물으셨다.

"인욱아! 이번 시험 성적은 어떻니?"

인욱이는 말없이 성적표를 내밀었다.

"너는 이걸 성적이라고 받아온 거니? 너의 형은 번번이 1등 하는데 너는 반에서
12등이 뭐니? 도대체 넌 맨날 공부는 안 하고 뭐 하는 거야. 그 성적으로 대학이
나 가겠니?"

인욱이는 '나도 열심히 하고 있단 말이에요.'라고 말하고 싶었지만 입을 꾹 다물
고 말았다. 성적이 그렇게 차이나는데 뭐라고 말할 수 있을까? 책상에 앉아 있으
려니 책들이 자기를 내리누르는 것만 같았다.

어느새 형이 들어왔는지 방문 너머로 엄마의 목소리가 들려왔다.

"인수야! 아니 또 일등을 했어? 장하구나. 힘들지. 배고프지 않니? 밥 먹어야지."

'어쩌면 저렇게 다정하게 말씀하시는 걸까? 나에게는 언제 저런 적이 있었나?

나도 여태 밥을 못 먹었는데…….'

인욱이는 부모님의 차별 때문에 너무 괴롭다. 문득 어느 날 집에 오는 길에 현수가 "우리 같이 가출할까?"라고 했던 말이 생각났다.

'그래 가출하는 거야. 나도 할 만큼 했어. 노력했지만 잘 안 되는 걸 어떻게 해. 엄마는 공부 잘하는 형만 있으면 좋다고 하겠지.'

현수에게 같이 가출하자고 전화하려고 하니 왠지 망설여졌다.

인욱이는 수화기를 든 채 어찌할 바를 모르고 있다. 인욱이는 이제 어떻게 해야 할까?

· ·

해법 ♥ 인욱이와 같은 경우가 우리 주변에 얼마든지 있을 수 있습니다. 인욱이처럼 자신보다 뛰어난 형제를 두어서 부모님께 차별을 받고 있다고 생각하는 친구들이 종종 있지요.

그런데 부모님의 마음은 인욱이가 느끼는 것처럼 최악으로 차별하고 있지는 않을 것입니다. "열 손가락 깨물어 아프지 않은 손가락이 없다."는 속담이 말해주듯, 부모 입장에서는 어떤 자식이든 사랑스럽기는 마찬가지이니까요.

하지만 자녀가 느끼는 것처럼 부모님이 실제로 차별을 할 때도 있을 테지요. 그런 태도는 일시적일 경우가 많겠습니다만, 일단 자녀가 그런 섭섭함을 느꼈다면 일단 부모님은 이에 미안한 마음을 가져야 할 것입니다.

이전의 자녀교육은 아이들이 무조건 부모님께 순종하는 것이 기본이었다면, 지금은 부모님이 아이들의 마음을 더 헤아리고 자녀의 입장이 되어서 생각하는 것이 올바른 방향일 테니까요. 아이가 먼저 움직여서 부모님께 다가가기보다는 부모님이 한발 앞서서 손을 내밀어주세요. 그리고 솔직하고 부담스럽지 않도록 아이의 마음에 쌓인 원망과 오해를 함께 풀어주셔야 합니다. 그러한 마음 앓이를 하게 해서 미안하다고 먼저 사과하는 것도 어른으로서 꼭 실천해야 할 용기있는 행동일 것입니다.

그리고 옆에서 인욱이가 인내심을 가지고 계속 노력할 수 있도록 버팀목이 되어주어야 합니다. 형과 비교해서 열등감을 느끼게 만들기보다는, 인욱이가 자신에게 알맞은 목표를 세우고, 그를 성취해나가는 기쁨을 느낄 수 있도록 해주세요.

설혹 공부를 잘 못하더라도 누구에게나 나름의 재능이 있게 마련입니다. 사례의 주인공 인욱이는 어쩌면 운동을 잘하거나 대인관계가 원만한 아이인지도 모르죠. 자신의 재능을 발견하고 그 재능을 계발하는 방향으로 노력하는 것이 바람직하고도 현명한 일입니다. 특히 이러한 노력은 자녀와 부모님이 함께 해나갈 때 가장 좋은 성과를 기대할 수 있습니다.

사례3 ★ 할머니의 마지막 남은 권리

할머니가 입원하고 계신 병원 건물을 빠져나온 혜진이는 벌써 두 정거장을 지나쳐 걷고 있다. 늦가을 오후, 겨울이 바로 저만치서 다가오고 있는 듯 쌀쌀하고 스산한 기운이 대기를 채워가고 있다. 겨울이 오면……. 만약 주치의의 진단이 옳다면 더이상 할머니를 볼 수 없을 것이다.

할머니는 단지 당신의 만성 위궤양 증세가 악화되었을 뿐이며 조금만 기운을 차리면 퇴원하실 것이라 믿고 계시지만, 본인을 제외한 모든 가족들이 위암 말기의 할머니께서 올해를 넘기지 못하시리라는 것을 알고 있다.

혜진이는 태어나서부터 할머니의 품 안에서 자라났다. 첫 손녀인 혜진이를 할머니는 끔찍이 아껴주셨고, 혜진이 역시 직장에 다니는 엄마와 함께 있는 시간보다 할머니와 함께하는 시간이 많았으므로 할머니를 엄마 이상으로 점점 더 의지하게 되었다. 그런 할머니가 혜진이 곁을 영영 떠난다는 사실은 참으로 받아들이기 힘든 상황이었다.

그러나 의사와 가족을 포함한 주위의 모든 사람들이 할머니를 속이고 있다고 생각하면 할머니가 더욱더 불쌍하고 화가 났다. 지금까지 혜진이에게 거짓말이 가장 나쁜 것이라고 가르쳐온 엄마는 할머니에게는 인생의 가장 중요한 문제 중 한 가지인 죽음에 관해 거짓말을 하고 있다. 더군다나 그 죽음을 맞게 된 당사자에게…….

엄마는 그 거짓말이 할머니를 위한 것이라고 믿고 있다. 구태여 진실을 말해서 할머니가 지금 지니고 있는 삶에 대한 희망을 미리 박탈할 필요는 없다는 게 그 이유였다. 진실을 말했을 때 그 충격으로 인하여 오히려 생명이 단축될 수도 있다는 것이다.

그러나 혜진이의 생각은 달랐다. 어렸을 때는 할머니가 늘 곁에 계셨기 때문에 그냥 믿고 따랐으나 철이 들면서 혜진이는 할머니와 인격적인 관계를 맺고 있는 자신을 발견했다. 할머니의 곧고 바른 인생관과 인자한 성품의 울타리 안에 있었으므로 혜진이는 자칫 방황하기 쉬운 사춘기를 훨씬 쉽게 지나올 수 있었다.

그런 할머니였기 때문에 이 사실을 알게 되었을 경우 더 나쁜 결과를 가져오게 되리라는 것은 지나친 속단일 수 있다는 생각이 들었다. 오히려 새로운 각오를 가지고 투병 생활에 임하여 결과가 좋아질 수도 있을 것이다. 그러나 사실 혜진이 자신도 어느 쪽이 옳은 것인지 또는 어떤 결정이 할머니를 위한 것인지에 대한 확신이 서질 않는다.

해법 ♥ 사실을 이야기하는 것이 늘 옳은 일인지, 반대로 거짓말은 늘 옳지 않은 것인지의 문제는 쉽게 답을 내릴 수 없습니다.

할머니를 위하는 것이 어떤 것일까요? 사실을 아는 것이 당사자에게 해가 되는 때에는 우리가 옳지 않다고 여겼던 거짓말이 정당화될 수 있는 것은 아닐까요?

현재는 할머니가 사실을 알기를 원치 않는지, 그리고 이것이 할머니의 병세를 결정적으로 악화시킬 것인지 불분명합니다. 할머니께서 삶을 마감하는 단계에서 주위 사람들에게 간직하고 있던 믿음은, 할머니가 일생을 통해 만들어온 그 무엇보다도 중요한 가치이죠. 아무리 하얀 거짓말이라 할지라도 쉽게 옳다고 판단할 수는 없을 것 같습니다.

그리고, 죽음을 서서히 받아들이면서 준비된 상태에서 생을 마감하는 것 또한 할머니가 스스로 자신의 삶에 행사할 수 있는 마지막 권리는 아닐까요? 하지만 사람의 삶과 죽음에서 그 어느 것도 정답은 없습니다. 그래서 생의 문제는 소중하지만, 너무나 어려운 것입니다. 어느 누구도 마음대로 결정을 내릴 수 없는 문제입니다.

....

사례4 ★ 나도 이젠 어른이에요

두 딸 아이를 키우면서 이렇게 힘든 적은 없었던 것 같습니다. 딸 둘을 연년생으로 낳아 지금껏 키우는 동안 육체적으로 힘들기는 했으나, 현재의 어려움에 비하면 그건 아무것도 아니었다는 생각이 들 정도입니다.

중학교에 들어가면서 온순하기만 하던 아이들이 사사건건 말대답을 하면서부터 모녀 관계는 엉망이 되기 시작했습니다. 잘못을 지적해도 인정하기는커녕, 오히려 이유를 대며 무엇이건 자신들이 옳다고 주장합니다. 자매가 서로 친구처럼 다정하게 지내는 모습도 이제 더이상 찾아보기 어려워졌습니다. 말도 하지 않고 서로의 옷을 가져가 입는다거나 서로에게 소리를 지르고 거리낌 없이 욕을 하면서도 자신들의 행동에 대해 전혀 반성하는 빛이 느껴지지 않습니다.

저와 남편은 위험 수위를 넘어선 아이들의 행동을 꾸짖고 벌을 주기까지 했습니다. 저녁을 굶기거나 방에서 한나절 동안 못 나오게 하는 처벌도 시도해보았지요. 그러나 그렇게 하면 할수록 아이들의 행동은 더욱 거칠어졌습니다. 그렇게 온순하던 제 아이들이 이제 더이상 부모에 대한 존경심도 없는 것처럼 행동합니다.

더욱 참기 힘든 것은 큰딸 아이가 갑자기 제게 냉담해지고 무엇이든 숨기려 드는 것이었습니다. 그러던 중 오늘 아침 식탁 위에 놓여 있는 딸 아이의 수첩을 발견했습니다. 그러면 안 될 것이라는 것을 알면서도 도대체 이 아이가 무슨 생각으로 그러는지 알고 싶었던 터라 수첩을 집어들고 이것저것 들춰보게 되었습니다. 친구 전화번호와 주소들, 깨알 같은 글씨로 쓴 노래 가사와 빽빽이 붙여 놓은 스티커 사진들을 보며 그나마 잘못된 길로 빠져드는 건 아닌 것 같다는 생각에 안심이 되기도 했었죠.

그러나 그 안도감은 문앞에 서 있는 딸 아이를 본 순간 산산조각이 나고 말았습니다. 자신의 소지품을 본 것이 그렇게 큰 죄인 양 엄마를 노려보는 싸늘한 눈초리에 나는 그 자리에서 숨이 멎는 것 같았습니다. 아이는 "엄마, 어쩜 그럴 수 있어? 그렇게 엄마가 몰상식한 사람인 줄 몰랐어."라고 내뱉고는 자기 방으로 들어가버렸습니다.

이런 경우 아이에게 어떻게 접근하고 지도해야 할지 막막하기도 합니다. 어떤 방법으로 아이를 이끌어줘야 할까요?

해법 ♥ 아이들은 지금 어른이 되어가는 중입니다. 혼자만의 공간과 시간이 필요하지요. 부모님이 '내 아이'에 관한 것은 무엇이든 다 알아야 한다는 생각으로 아이들의 사생활을 마음대로 침해할 수 없습니다. 자녀들의 사생활도 어른들의 그것처럼 무조건 보호하고 존중해주어야 합니다.

사춘기 자녀들을 옳게 이끌고 싶다면 무엇보다도 그들을 하나의 인격체로 오롯이 존중해야 합니다. 아이들 방에 노크도 없이 들어간다거나 전화 내용을 엿듣고, 혹은 아이들의 소지품을 뒤지는 일들은 아이들로부터 백 퍼센트 신뢰감을 잃는 행동입니다.

부모님이 먼저 자녀들에게 존중감을 전해주세요. 그러면 거꾸로 부모님께 감사하는 마음과 더불어 존경심이 천천히 키워질 것이고 형제자매들 사이에서도 신뢰하는 분위기가 조성될 것입니다.

사춘기 친구들은 이미 자아가 꽤 확립된 상태입니다. 그리고 상당히 예민한 시기입니다. 이때 부모님들이 예전에 했던 것과 똑같이 체벌하거나 수시로 꾸지람을 한다면, 마치 빵빵한 풍선을 꾹 짓누르는 것과 같을 것입니다. 곁에서 지금의 행동이나 생각이 바르지 않았음을 조용히 일러주는 정도면 알맞겠습니다. 그러나 아이를 향한 사랑의 시선은 한결같이 거두지 말아야겠습니다.

가족을 존중하는 것은 나중에 사회생활을 하는 데에서도 중요한 일입니다. 입장을 바꿔서, 상대방의 상황에 서서 생각하는 능력을 키워주는 것이 좋겠습니다.

: 이스라엘 _ 가정 교육의 출발점은 개성 존중

"형(누나)이니까 참아라. 형이 져줘야지. 양보해라."

어려서 참 많이 듣던 말입니다. 그런데, 지금 부모님들도 별생각 없이 이렇게 아이들 싸움을 말립니다. 그러나 유태인 부모님들은 자녀들의 싸움을 말릴 때 독특한 방법을 씁니다. 형이니까 혹은 동생이니까 져주는 것이란 없습니다. 아이들의 싸움을 말릴 때, 각자 자기의 잘못을 인정할 때까지 조목조목 논리적으로 설명을 해줍니다.

유태인 부모님들의 모습은 재판관처럼 합리적이고, 냉정하게 보이기까지 합니다. 아이들 각자의 입장을 존중하고, 한쪽을 일방적으로 편들거나 나무라지 않도록 최선을 다합니다. 우격다짐으로 아이들의 싸움을 말리기보다는 시간이 좀 걸리고 귀찮더라도 대화로 다툼과 갈등을 해결합니다.

아이들끼리 싸움이 심해져서 주먹이 오간 경우라면 사람을 때리고 힘으로 문제를 해결하는 것은 아주 '부끄러운' 일이라는 것을 알려줍니다.

부모님이라는 재판관 앞에서 자기의 정당성을 마음껏 변론한 아이들은 대체로 부모님의 판결에 수긍합니다. 그만큼 사전에 충분히 대화가 오갔기 때문이지요. 이제는 싸움할 거리가 남아 있지 않게 됩니다.

어려서부터 폭력은 부끄러운 것이라는 가르침을 받은 유태인 아이들은 화가 나더라도 좀처럼 상대방을 때리거나 무력을 사용하지 않습니다. 모든 문제를 대화를 통해 해결하는 것에 익숙해져 있지요.

또 이스라엘의 가정에서는 부모님들이 형제, 자매의 능력을 비교하는 일은 거의 없습니다. 그들이 관심을 기울이는 것은 능력 차가 아니라 개인 차이입니다. 각자 가진 개성과 특화된 영역이 다르기 때문에 아이들을 세심하게 관찰하고, 그에 맞는 방식으로 키워야 한다는 합리적인 태도를 가지고 있습니다.

그들은 아이들이 놀러갈 때도 형제, 자매를 함께 보내지 않습니다. 서로 흥미가 전혀 다른 아이들이 같은 장소에 가는 것은 아무런 의미가 없다고 보는 것이지요. 차라리 따로 다른 장소에 가서 새로운 세계를 경험하고 돌아오는 것이 훨씬 유익하다고 생각합니다.

유태인 형제, 자매가 유난히 사이가 좋은 것은 잘 알려진 일입니다. 부모님들이 아이들이 어릴 때부터 각자의 개성과 독특한 성향을 존중하며 기른 결과입니다. 형제들 간에 긴장감이나 경쟁심이 생기지 않기 때문에 서로 너그러워지고, 가족으로서 애정을 더욱 진하게 느끼게 되는 것입니다.

"형제의 머리를 비교하면 둘 다 죽이게 되지만, 형제의 가능성을 비교하면 둘 다 살린다."

이 말은 유태인들이 가정 교육의 지침으로 삼고 있는 탈무드의 한 구절입니다. 아이들을 합리적인 잣대로 교육하려는 유태인 가정 교육의 뿌리가 엿보이는 대목입니다. 유태인을 지칭하는 '헤브라이'라는 말은 히브리어로 '이브리'라고 합니다. 이 말의 원뜻은 '혼자서 다른 편에 서다.'이지요.

개성을 중요시하고, 그를 충분히 키워줘야 한다는 생각은 유태인 삶의 전반에 진하게 배어 있습니다. 그들은 부모님들의 희망이나 기대에 따라서 혹은 사회적으로 인정받는 것이라고 해서 어떤 직업을 택하지 않습니다. 부모님들이 먼저 자녀들만의 방식으로 행복을 추구하고, 개성 있게 삶을 가꾸어 나갈 수 있도록 격려합니다. 진정으로 행복한 삶을 보여주려고 하는 것이지요.

부모님과 선생님의 역할은 아이들이 각자의 개성을 찾아내어 스스로 인생을 계획하고 발전시켜 나가도록 옆에서 든든한 조력자가 되는 것일 뿐, 그들의 가치관으로 아이들을 재단하고 기르는 것은 대단히 위험하다고 여깁니다. 여기에서 합리주의의 출발점을 발견하게 되는 것이지요.

: 핀란드_ 대화로 다져지는 정서 교감

2011년 〈더 타임스〉의 한 기사가 한국 사회에서 큰 화제가 되었습니다.
'타이거 맘은 잊어라, 스칸디 대디가 온다'

여기에서 유래된 신조어 스칸디 대디는 북유럽 스칸디나비아 반도의
핀란드, 덴마크, 스웨덴 세 국가의 부모들을 가리킵니다. 이전에 유행
했던 자녀들의 교육에 적극 뛰어들어 강하게 리드하는 타이거 맘의 방
식과 달리, 북유럽의 자유롭고 존중하는 교육방식이 주목을 받게 된 계
기였죠.

스칸디 대디들은 육아휴직을 내고서라도 자녀 양육에 적극적으로 참
여하고, 아이들과 많은 시간을 보내면서 공감대를 형성합니다.

실제로 북유럽 국가에서는 오후 4~5시가 되면 직장인들이 일터에서
아이들을 데리러 가기 위해 퇴근을 서두릅니다. 그렇게 아이들과 함께
집으로 와서 저녁 식사 준비를 함께 하는 시간을 가집니다. 아이들이
부모님의 가사를 돕는 것도 일상입니다. 북유럽 사람들은 성별과는 전
혀 관계없이 자녀들이 어려서부터 가사를 돕게 합니다. 이것이 생활 속
에서 몸에 배게 되지요. 저녁을 함께 준비하면서 저녁 식사 시간까지
부모님과 자녀들은 많은 이야기를 나눕니다. 그날의 일과, 학교생활,

친구와의 관계 등등, 깊게 소통하는 소중한 시간이지요. 식사 이후에 부모는 아이의 놀이 친구가 되기도 하고, 악기나 그림 그리기를 가르쳐 주는 선생님이 되기도 합니다.

함께하는 시간 속에서 아이들은 저절로 부모님이 나를 하나의 인격적인 존재로 인정하고, 존중하고 있다는 것을 은연중에 느끼며 자랍니다. 아이들의 성적을 고민하면서 여러 학원을 보내고, 체력을 걱정하면서도 후딱 밥을 지어 먹이고 또 공부하러 보내야 하는 우리나라 부모님들에게, 자녀와의 소통을 가장 중요한 가치로 여기며 충분한 대화 시간을 가지는 스칸디 대디는 신선한 자극이었습니다.

핀란드의 학교 교육 과정에서도 이 '토론'과 '소통'은 핵심 키워드입니다. 이 소통방식은 그저 발언의 기회를 동등하게 얻는 것뿐만이 아니라, 가르치는 사람과 배우는 사람 간의 수평적 관계에 기반을 둡니다. 다른 서양 문화권에서는 선생님이나 교수님에게 교수님, 박사님의 직함을 성 앞에 붙이지만, 핀란드에서는 그저 서로 이름만을 부릅니다. 교수나 선생님들도 이름만 불린다고 해서 권위에 흠이 간다고 생각하지 않고, 오히려 배우는 학생들에 대한 존중감의 표현이라고 여기니 재미나지요. 이러한 수평적인 소통 교육은 모든 사람이 '동등한 발언권'을 지니며, 모두가 '평등'하다는 핀란드의 국민성에 뿌리를 두고 있어 역사가 깊고 견고합니다.

• 9장 •

관용과 배려

• 관용이란 무엇인가?

'배려(consideration, care)'는 다른 사람의 입장을 이해하고, 그들의 기분을 보살피는 것을 말합니다. 남을 배려하기 위해서는 생각이 깊어야 하지요.

배려란 타인이 좋아하는 것을 내 것과 같이 중요하게 생각하는 것입니다. 다른 사람들이 나와 취향이 다를지라도 그를 소중히 생각하고 나의 기호를 강요하지 않습니다. 타인의 감정을 존중하고 그들이 필요한 것이 무엇인지 살피는 것이 이 덕목의 핵심입니다.

배려의 연장선상에 관용의 덕이 있습니다. '관용(tolerance)'은 서로 다른 점을 용납하고 받아들이는 것입니다. 관용을 베푸는 사람들은 유연하게 남을 대하고, 상황의 변화나 서로 다름, 차이를 인정합니다. 다른 이들이 나와 똑같이 생각하고 행동할 것을 기대하지 않습니다. 또한 다른 이들의 과오나 잘못에 대해서도 용서하고 자비를 베풀 수 있습니다. 그리고, 이 태도 또한 '당신에게 베푼다'는 자만심에서 비롯된 것이 아니라 나도 언젠가는 실수할 수 있고, 잘못된 판단을 할 수도 있다는 겸손함에서 우러나오는 것입니다.

현대는 과거와 달리 다양한 인생관, 가치관, 세계관을 가진 사람들이 공존하는 다원주의 사회입니다. 그래서 관용은 공존하는 데에서 가장 중요하고 기본적인 덕목이 되는 것이죠. 상대에게 세심한 관심을 두는 것이므로 무관심과도 구별되어야 합니다. 물론, 관용도 무제한으로 허용되어야 하는 것은 아니며, 사회를 무너뜨리지 않는 선에서 최대한 확대되어야 합니다.

• 왜 관용이 필요한가?

타인을 배려하지 않고, 나 중심으로만 살아간다면 다른 이들은 감정이 상하게 됩니다. 무시당하는 느낌이 들기 때문입니다. 그러면 그들 또한 나를 배려할 마음이 사라지지요. 내가 다른 사람들을 배려하면 그들은 스스로 소중한 존재임을 알게 됩니다. 서로 배려하는 사이에 이심전심, 말이 없어도 이해하는 마음이 싹트지요.

배려는 나의 행동이 다른 이들에게 상처를 주는 것은 아닐지 자문하는 것에서 시작됩니다. 이에 대한 답이 긍정적일 때에는 내가 원하는 바를 얻으면서도 다른 사람들의 이익과 권리도 보호하는 더욱 합당한 행동을 할 수 있습니다. 나의 입장을 헤아리지 않은 선물은 제 아무리 값 비싼 귀한 물건이라도 즐겁지 않습니다.

마음속에 관용이 키워지지 않은 이들은 자신과 뜻이 다르면, 용납하고 참기 어려워하죠. 다른 사람을 비판하고, 불평하게 됩니다. 인내심도 적을뿐더러 용서에 인색하고 내가 변하기보다는 남이 변하기를 고집합니다. 이런 사람의 주변에 있는 이들은 불안하지요. 결국은 모두를 불행하게 만듭니다.

관용은 마음에 들지 않는 상황도 참을 줄 아는 인내심과, 변화되는 상황에 쉽게 대처할 수 있는 유연성을 더해줍니다. 그래서 관용적인 이들은 앞으로도 얼마든지 변화하고 성장할 수 있는 가능성을 지닙니다.

• 어떻게 관용을 익힐까?

아이들은 아직 배려하는 마음이 충분히 길러지지 않았기 때문에 자기와 다른 사람들을 보거나 이해할 수 없는 이들을 보면, 대번에 좋아하지 않는 티가 납니다. 이럴 때 저 사람은 나와 '다른 것'이지

'틀린 것'이 아니라는 점을 이해시켜야 하지요.

　사람들은 자기와 다른 생각을 가지거나 다르게 행동하는 것을 있는 그대로 받아들이기 어려워합니다. 실제로도 쉬운 일이 아닙니다. 그러나 이것은 잘못된 것이 아니라 그저 나와 다를 뿐이고, 그들도 나름대로 가치를 지니고 있음을 이해하려고 노력해야겠습니다. 나와 다른 사람들과 함께 사는 것, 피할 수 없는 삶의 단면이지요. 탄생과 성장 과정이 모두 다르기 때문에, 심지어 형제간에도 성향이 다르기에 다양한 모습들을 받아들일 준비가 되어 있어야 합니다.

　인간은 유한한 존재입니다. 따라서 내가 가지지 못한 부분을 여러 사람들이 함께 살아가면서 채워주는 것이지요. 나와 '다름'이 상호 보완될 때 더 멋진 무언가가 탄생할 수 있습니다. 각기 저마다 다른 소리를 내는 인간 세상의 오케스트라가 연주되는 것입니다.

사례1 ★ **남의 말에 귀 기울여 봐**

초등학교 6학년인 민경이와 은하는 어릴 적부터 한 동네에서 함께 자란 사이였다. 둘 다 고집이 세기 때문에 가끔 말다툼을 하긴 했지만, 그랬다가도 금세 언제 그랬냐는 듯이 친하게 지내곤 했다.

그런데 학년이 올라갈수록 아이들의 경쟁심 탓인지 싸우는 횟수가 점점 더 잦아졌다. 특히 둘이 같은 반이 된 6학년 때부터는 사사건건 의견 충돌이 빚어지곤 했다. 학기 초인 3월 어느 날, 사회 수업 시간에 담임선생님께서는 칠판에 주제를 여러 개 적으시더니 다섯 명씩 짝을 지어 주시며 "하나의 주제를 선택한 뒤 그에 관하여 조사해 오라."고 하셨다. 숙제에 대한 평가는 조별로 하기로 했다.

민경이와 은하는 한 조가 되었다. 이때 하나의 주제를 선택해야 하는데 둘의 의견이 서로 달랐다. 민경이는 '민주주의'를 주제로 정하자고 했고, 은하는 '환경 문제'를 주제로 다루기를 원했다. 같은 조의 다른 친구들은 민주주의와 환경 문제 중 어느 쪽이라도 상관없다고 했다.

친구들이 보는 앞에서 민경이와 은하는 서로 자기가 선택한 주제가 더 낫다고 하면서 말다툼을 벌이기 시작했다.

당신이 둘 중 한 아이의 엄마라면 이 문제를 어떻게 풀어나가도록 도울 것인가?

 해법 ♥ 민경이와 은하, 이 말다툼이 어느 한 편이 이기면서 쉽게 끝날 것 같지 않군요. 하지만 이 문제를 이렇게 짚어보면 어떨까요?

지금 두 친구가 다투고 있는 주제를 선정하는 문제는 누구 한 사람이 이겨서 해결되는 문제가 아닙니다. 오히려 상대를 제대로 이해한다면 시너지효과를 내어 두 친구 모두에게 이득이 될 수 있습니다.

친구들은 문제 해결 과정에서 감정을 절제하고, 상대방 의견을 존중하며 친절, 관용의 미덕을 배울 수 있습니다. 친구와 의견이 서로 다를 때에는 먼저 그 아이의 의견에 귀를 기울이는 것이 옳은 태도라는 것을 가르쳐주어야 합니다.

민경이가 엄마의 가르침대로 은하의 이야기를 먼저 들어보기로 했다고 가정해봅시다. 그리고 다음과 같은 상황이었기 때문에 은하가 그 주제를 선택한 이유를 충분히 알게 되었다고 가정해봅시다.

은하는 그 주제를 조사하는 데 매우 유용한 참고 서적을 가지고 있었습니다. 또한, 은하의 삼촌은 환경 운동을 하는 분이기 때문에 숙제하다가 모르는 부분이 생기면 언제든지 물어볼 수도 있었지요. 반면 민경이는 막연하게 민주주의라는 주제를 선택했을 뿐, 은하처럼 구체적인 대안이 있는 것은 아니었습니다. 민경이는 은하가 자기 고집대로만 하려는 것 같아서 반발심을 느꼈던 것이지, 특별히 자신의 주제를 밀고 나갈 명분이 없었던 것입니다. 민경이는 은하가 가지고 있는 정보와 자료를 적절히 활용하면 숙제를 훌륭히 마칠 수 있겠다는 생각이 들었지요. 결국 민경이가 자기 고집만 내세우지 않는다면 민경이와 은하네 조는 좋은 평가를 받을 수 있을 것입니다.

침착함을 잃지 않고 찬찬히 생각해보면 의견이 달랐던 모두의 동의를 끌어낼 방법을 찾는 경우가 종종 있습니다. 문제의 해법을 구하는 과정 안에서 손해 보는 사람은 없고, 둘 다 이득을 얻게 되지요.

의견이 충돌했을 때, '네가 이기면 나는 지는 것이다.'라고 생각할 때가 있습니다. 문제를 해결하는 데 과연 승자가 오직 한 명뿐일까요? 지혜롭게 제3의 길을 찾아야 할 것입니다.

그러나 그 길이 쉽게 눈에 띄지는 않을 것입니다. 서로 감정의 자막을 걷어내고, 투명한 눈으로 사태를 바라보면, 좀처럼 움직이지 않던 문제가 의외로 쉽게 풀리곤 합니다. 아직은 어린 민경이와 은하가 이를 깊이 깨닫는 좋은 경험이 되도록 돕는 것은 부모님들의 몫이 되겠습니다.

....

사례2 ★ 관용 없는 정의는 없다

중학교에 다니는 승현이가 어느 날 우연히 길거리에서 자전거를 훔치려던 친구의 모습을 보게 되었다.

승현이는 학급의 부회장을 맡고 있고 남의 물건을 도둑질하는 것은 나쁜짓이라고 믿고 있기 때문에 순간적으로 몹시 충격을 받았다. 그런데 그 친구는 자신의 행위가 발각된 것을 알고는 다시는 그런 짓을 하지 않을 테니 학교에는 비밀로 해 달라고 부탁한다. 승현이가 보기에 친구는 진심으로 그 행동을 뉘우치고 있는 것 같다. 사실 이 친구는 학교에서 담임선생님의 눈 밖에 나 있기도 하고 성적도 하위권이다. 주변에 어울리는 친구들도 거의 없다.

승현이는 고민에 빠졌다. 친구의 나쁜 행동을 목격했으면 선생님께 알려야 한다는 의무감과 만약 그렇게 했다간 이 친구가 징계를 받을지도 모른다는 부담감 때문에 이러지도 저러지도 못할 형편이다.

이럴 때 승현이가 자초지종을 얘기하며 의견을 구한다면 당신은 부모로서 어떻게 대답할 것인가?

....

 해법 ♥ 이 문제는 빅토르 위고의 소설 《레 미제라블》의 예를 들어보면 좋겠습니다.

어느 겨울날 장발장은 어린 조카들에게 먹이려고 빵을 훔치다가 붙잡혀서 19년간이나 옥살이를 했습니다. 형기를 마친 그가 감옥에서 나오자 사람들은 장발장을 멀리했습니다. 하지만 마음씨 좋은 주교를 만난 장발장은 그분의 자비심과 동정에 힘입어 새 사람으로 다시 태어나게 되었지요. 그 후 장발장은 큰 재산을 모아 힘없고 불쌍한 사람들을 돕는 데 헌신했습니다.

한편 장발장이 감옥에 있었을 때 간수였던 자베르는 이제 경감이 되었습니다. 그는 오직 엄정하고도 철저한 법의 집행만이 정의를 실현하는 길이라고 굳게 믿고 있었기 때문에, 보호 감찰 기간을 어긴 장발장을 다시 감옥으로 보내기 위해 맹렬히 그를 뒤쫓고 있었죠. 이 경우 자베르 경감이 장발장을 체포하여 다시 감옥으로 보내는 것이 과연 옳은 일일까요? 아니면, 이제 새 사람으로 거듭난 장발장을 용서하는 것이 옳은 일일까요?

이처럼 정의와 관용이 상충할 때 우리는 어느 편을 택해야 할까요? 우선, 장발장이 법을 어긴 것이 사실이라면 그가 법에 의해 처벌받는 것은 당연하다고 하겠습니다. 문제의 법이 악법이 아닌 한, 예외 없이 정의를 받아들일 준비를 항상 하고 있어야겠지요.

하지만 정의를 맹목적으로 실현하는 것만이 기준일까요? 진심으로 자신의 잘못을 뉘우치고, 사회에 긍정적인 영향을 주고 있는 경우, 그를 용서하고 새 삶을 살도록 하는 것이 더 인간적인 해결방법이 아닐까요?

남이 저지른 실수에 대해 지나치게 엄격한 잣대를 들이대는 때가 있습니다. 그들이 죄를 지었으니 응당 대가를 치러야 함은 당연한 일이겠지만, 제3자로서 처벌의 결과에 집착하는 것은 옳지 않은 일이라고 생각합니다.

오히려 이런 엄격한 기준이 당사자를 짓눌러 복수심을 갖게 하는 결과를 초래할 수도 있습니다. 어느 누구도 다른 이들을 심판할 권리는 없습니다. 어떤 정의도 관용의 미덕을 겸비하지 않고는 올바른 정의라고 할 수 없지요.

우리는 타인들에 대해 이러쿵저러쿵 판단을 내릴 수 있는 입장에 있지 않습니다. 그렇기 때문에 우리는 타인들의 행동을 비난하기보다는 그 행동을 이해하고 용서하려고 애쓰는 편이 차라리 더 나을 것입니다. 그러므로 자녀들에게도 타인의 실수를 늘 이해하려는 마음과 용서할 줄 아는 아량을 가지도록 가르쳐야 할 것입니다. 그것이 다른 이들로부터 나의 실수를 용서받을 수 있는 길이기도 합니다.

중요한 것은 스스로 공정하고 정의로운 마음을 갖는 것이지, 남의 잘못을 끄집어내어 고자질하는 것은 정의가 될 수 없습니다.

· ·

사례3 ★ 잘났어, 정말!

"그 애를 왕따로 만드는 거야."

"그래, 그 애는 한번 당해봐야 해."

모여 있던 아이들은 이구동성으로 혜영이를 못마땅해하고 있었다. 사실 혜영이는 좀 특이한 데가 있다. 겉보기엔 별말이 없어 순해 보이지만 다른 사람의 의견에 늘 비판적이다. 혜영이는 연예인이나 대중음악, 게임 따위에 도대체 흥미가 없으며 아이들이 그런 이야기로 교실 분위기를 흐려 놓기라도 하면 거침없이 찬물을 끼얹어버린다. 아이들은 그러한 혜영이의 성격 때문에 한번씩은 마음에 상처를 입거나 기분이 상했던 경험들을 갖고 있다.

그러나 정작 가장 곤란한 입장에 처해 있는 것은 학급 회장인 수진이다. 왜냐하면, 혜영이는 학급 일에도 사사건건 비판적이기 때문이다. 수진이네 반은 며칠 전 학교 학예회 준비 겸 장기자랑을 했다. 혜영이는 학예회 계획부터 영 심드렁한 기색이더니, 급기야 어제 학급회의 시간에 장기자랑이 지나치게 오락 위주였다고 10여 분에 걸쳐 비판하는 것이었다.

아이들은 '또 시작이군.' 하는 표정들이었다. 그런 한편으로 혜영이의 비판은 교묘하게도 설득력을 발휘하였다. 그리하여 몇몇 아이들은 혜영이의 비판에 동조하는 분위기였다.

그렇지만 대부분의 반 아이들은 혜영이를 따돌렸다. 그리고 수진이는 회장으로서 혜영이가 그런 대접을 받는 건 자업자득이라는 생각이 들었다. 설혹 자신의 주장이 옳다고 하더라도 단체 생활을 위해서는 양보할 줄도 알아야 하는데 혜영이는 전혀 그렇지 않다. 그러나 다른 한편으론 남과 다르게 튄다는 이유로 혜영이를 집단적으로 따돌리는 것은 옳지 않다는 생각이 들었다.

회장인 수진이는 아이들이 혜영이를 왕따로 만드는 걸 보고만 있어야 할까, 아니면 그걸 말려야 할까?

해법 ♥ 살다 보면 종종 눈에 띄게 별난 사람들을 만나게 됩니다. 나와 다르다고 해서 그가 잘못된 것이 아님은 우리도 잘 알고 있지요. 그의 행동이 정의에 어긋나거나 집단에서 문제을 일으키고 공공의 복리에 심각한 위협이 되지 않는 한, 그들의 자유를 인정해주어야 합니다. 여기에는 행동, 사상, 표현, 취향, 특징 등이 포함됩니다. 이것을 관용이라고 하지요.

요즘 학교 현장에서 이러한 관용의 정신이 희미해져 가고 있습니다. 대표적인 예가, 왕따, 학교 폭력 등이지요. 이러한 집단 따돌림 현상은 나와 가치관이나 환경이 다른 사람이 있다는 사실을 인정하지 않아서 나오는 결과입니다. 누구나 다 알다시피 이런 따돌림을 당하는 사람은 집단적인 압력으로 회복할 수 없을 만큼 심각한 정신적 손상을 입기도 합니다.

왕따가 되는 학생들은 특별한 문제가 있어서라기보다 남들과 다르다는 이유로, 예를 들면 잘난 척을 한다거나, 못생겼다거나, 괜히 싫어서, 이상해서, 약하고 바보 같다는 등의 이유로 그런 대접을 받습니다. 하지만 이는 왕따를 당하는 사람의 처지를 생각한다면 결코 옳은 일이 아닙니다. 위의 사례에서 혜영이가 별난 성격을 갖고 있다고 해서 반 아이들이 집단적으로 압력을 행사하는 것은 옳지 않습니다.

남은 문제는 회장인 수진이가 앞장서서 그를 말려야 하는가 하는 문제입니다. 수진이는 다른 친구들이 혜영이를 따돌림하려는 것을 알고 있습니다. 그렇기 때문에 수진이가 반 친구들을 말리지 않는다면, 결국 회장도 아이들의 행위에 암묵적으로 동의하고 함께하는 것으로 받아들이게 될 것입니다.

한번 집단 따돌림의 분위기가 조성되면 이후에는 특별한 이유가 불거지지 않아도 군중심리에 의해 걷잡을 수 없이 커지는 경향이 있습니다. 반 친구들 중 누가 복불복으로 왕따가 되지 않는다는 보장이 없습니다. 수진이는 회장으로서 친구들이 혜영이를 왕따시키는 것을 과감하게 막을 용기가 필요할 것 같습니다. 이 역시 쉽지는 않은 결정이긴 하지만 말입니다.

···

사례4 ★ 취미를 나무랄 수 있나

고등학교 2학년인 수경이는 오랜만에 친구들을 집으로 초대했다. 이제 기말고사도 끝났고 지난주 시험 때문에 미루게 된 자신의 생일파티를 하자는 것이 표면적인 이유였으나, 사실은 이번에 새로 산 침대와 옷장세트를 친구들에게 자랑하고 싶어서였다.

새 가구로 꾸민 방에서 친구들과 맛있는 것도 먹고 수다도 떨 계획이었다.

그렇게 친구들과 같이 모여서 간식을 먹고 즐겁게 놀고 있었는데, 어디선가 뽕짝풍의 트로트가 크게 들려오기 시작했다. 거실에서 흘러나오는 소리가 분명했다. 순간 수경이의 친구들은 일제히 인상을 찌푸렸다.

아빠는 항상 저런 음악을 즐겨 들으신다. 수경이는 그런 장르의 노래가 싫다못해 견디기 힘든 소음으로 느껴졌다. 음량이라도 좀 작게 하고 들었으면 좋겠는데 아빠는 꼭 거실에서 TV를 크게 틀어 놓고 듣는 것을 좋아하신다. 평소 같으면 수경이는 귀에 이어폰을 꽂고 다른 음악을 들었을 것이다. 노래를 들으려면 혼자 좀 작게 들으라고 몇 번 투정을 부리기도 했지만, 아빠는 딸의 투정에 별로 개의치 않는 듯했다. '하필이면 왜 이럴 때 저런 음악을 트시는 걸까?' 수경이는 친구들에게 미안하고 창피하게 느껴졌다.

이럴 때 수경이는 당장 나가서 아빠에게 불평하며 음악을 멈추어 달라고 말씀드
려야 할까? 아니면 친구들과 함께 불평하며 그냥 듣고 있어야만 할까?

 해법 ♥ 우리 친구들에게 이러한 상황은 의외로 크게 다가
올 수 있는 문제입니다. 평소에 수경이는 아빠의 취향이나
행동에 불만이 있기는 했지만, 지금은 취향의 차이 때문이라기보
다는 친구들에게 아빠의 이런 면을 보이게 된 것이 창피했을 것입
니다. 그리고 이 일로 친구들이 나쁘게 소문을 내지는 않을까 하는
우려도 있을 수 있겠습니다.

우선 모든 사람이 다 같은 취향을 가질 수 없다는 것을 수경이는
이해해야 할 듯합니다. 자라온 시대와 환경이 다른 부모님의 세대
와 청소년 세대 간의 문화적 차이는 당연히 불거지게 되어 있지요.
취향이 같고 다름이 중요한 것이 아니라, 각자 개성이 다른 사람들
의 생각과 감정을 얼마나 존중하는가가 중요한 점입니다.

아빠가 들으시는 음악이 수경이에게는 소음에 불과할 수 있습니
다. 다만 모처럼 친구들이 놀기 위해 모였음을 아빠에게 명확히 말
씀드리고, 아빠 마음이 상하지 않게 양해를 구해야 합니다. 친구들
을 위해서도 필요한 행동이지요. 아빠도 이런 수경이의 부탁을 무
시하지는 않으실 겁니다.

: 프랑스 _ 자유로운 사고를 길러주는 미술 교육

요즘 우리나라에서는 예능 교육이 활성화되어 있어서 아이들은 학교를 마치면 한두 개씩 음악이나 미술 학원에 다닙니다. 학교에서도 예체능 수업 시간 비중을 늘리고 초중등 교육 현장에서는 반드시 시간을 엄수하도록 독려하고 있습니다.

하지만 우리나라 학교에서 미술 수업 시간에 자유로운 사고력이나 상상력을 키워주는 기능을 다해 왔는지에 대해서는 의문이 남습니다. 가장 자유롭게 상상력을 키우며 다양한 표현력을 경험하는 미술 시간에 혹시 정형화된 틀과 표현기법을 강요하지는 않았는지 말입니다.

미술의 나라라고 해도 과언이 아닌 프랑스는 정규 과정에서 미술에 비중과 가치를 많이 둡니다. 4세부터 무상으로 받을 수 있는 유치원 교육과정에도 절반 이상을 미술 교육에 할애한다고 합니다. 그리고 이를 통해서 정서 함양은 물론이고, 숫자와 글자도 자연스레 익히게 되지요. 상상력, 관찰력, 그리고 창의적인 사고력은 덤으로 따라오게 되어 있습니다.

우리나라에서는 학교에 입학하면 크레파스와 색연필을 일률적으로 준비해 오게 하지요. 그런데 프랑스에서는 유치원 시절부터 크레파스 뿐만 아니라 사인펜, 파스텔 등 다양한 색칠 도구를 이용해서 자유롭게 그림을 그리고, 섬세하게 사물을 묘사하는 방법을 익히게 합니다.

또 밑그림이 완성되고 나면 원하는 색깔의 색연필로 밑그림 안쪽 면을 메우게 한다고 해요. 이때 크레파스 대신 색연필을 사용하게 하는 목적은 색깔의 진하기를 조절함으로써 사물을 표현하고자 하는 대로 그릴 수 있도록 돕는 데 있으며, 그렇게 함으로써 학생들의 관찰력 및 상상력을 키워주는 데에도 그 목적이 있다고 하네요.

이렇게 어릴 때부터 자유롭고 다양하게 그림으로 표현하도록 교육하는 프랑스에서 예술가와 창의적 인재들이 많이 등장하는 것은 어찌 보면 당연한 결과일 것입니다.

10장
친절과 다정

• 친절이란 무엇인가?

'친절(kindness)'과 '다정'은 중요한 인간적 가치이자 덕목입니다. 타인을 배려하는 감수성과 적극적인 용기 등 다른 덕목들과 겹치는 부분이 있지만, 나름대로 독립적인 덕목입니다.

친절한 것은 다른 사람의 행복에 관심을 가지는 것입니다. 나뿐 아니라 다른 사람에게도 사랑하는 마음을 갖는다는 뜻입니다. 친절은 다른 사람의 삶을 밝게 해주는 사소한 언행에서도 나타나고, 일상의 작은 행동에서도 드러납니다.

다정하다는 것은 다른 사람들에게 관심을 가지고, 따뜻하고 예의 바른 행동을 하는 것을 의미합니다. 그들과 함께 즐거운 시간을 나누고, 감정을 공유하면서 다정함이 전해집니다. 나의 방식대로 다정함을 표현하기보다는 상대방이 편한 방향으로 배려하는 것이 좋겠지요. 다른 이들과 즐거움을 나누는 것은 어렵지 않습니다. 그러나 괴로움을 함께 나누는 것에도 큰 가치가 있겠지요. 따로 부탁하지 않아도 세심하게 살펴 돕고, 누군가 외로울 때 달래줄 최선의 치유책이 바로 다정함입니다.

• 왜 친절이 필요한가?

친절함은 서로 주고받는 마음입니다. 친절한 마음을 통해 더 깊은 유대가 생겨날 수 있지요. 그래서 우리는 혼자가 아니라 더불어 사는 인생을 살고 있다는 기분을 느끼게 됩니다. 인간에게 뿐만 아니라 동물이나 자연에 이르기까지 친절한 태도는 확산될 수 있을 것입니다.

친절한 마음을 주고받으면 세상이 좀 더 살만한 곳으로 느껴집니다. 어려운 일에 처했을 때 친절한 도움을 받게 되면 그 감동이 주변에 퍼지고, 다시 또 다른 친절함으로 전해지게 되지요.

다정하게 사람을 대하면 낯선 사람도 편안하게 느끼게 됩니다. 좋은 일이든, 나쁜 일이든 마음을 나눌 사람이 있다는 것은 기쁜 일입니다. 우정은 저절로 주어지는 것이 아니라 서로 노력하는 가운

데에 이루어지고 성장합니다. 다정한 이들은 주변 사람들의 마음을 끄는 매력을 지닌 사람입니다. 다정함이 없다면 남들에게 곁을 주지 않고, 자신에게만 집착하면서 고립되고 말지요.

다정함은 나 스스로를 사랑하는 것에서부터 시작됩니다. 나를 알뜰히 돌보았을 때 상대방을 돌아볼 여유가 생기니까요. 나를 혐오하고 보잘것없다고 생각한다면, 타인에게 눈길이 갈 여유가 생길 수 없겠죠.

• 어떻게 친절을 익힐까?

친절함을 익히는 데에도 역시 부모님이 가장 좋은 선생님입니다. 자녀들에게 분명하고 구체적인 친절함의 모범을 보일 필요가 있습니다. 손윗사람에게뿐 아니라, 어린 친구들에게도 예를 갖추어 친절해야 할 것입니다. "감사합니다", "죄송합니다" 등의 인사말도 늘 입에 배어 있어 아끼지 말아야 할 것입니다.

매사에 남을 배려하여 친절한 태도를 가지고 도움을 주어야겠습니다. 그리고 가능한 한 미소를 띄우면 더욱 좋겠습니다. 언성을 높이거나 상스러운 언행은 되도록 삼가고, 비판적이고 냉소적인 언어도 쓰지 마시기 바랍니다. 그리고 나에게 지나치게 비판적이지 않아도 됩니다.

각자의 성격에 따라 친절함도 다양한 방식으로 개발될 수 있습니다. 수줍고, 부끄럼을 많이 타는 성격의 자녀들에게는 친절한 언행으로 감동과 기쁨을 느낄 수 있도록 이끌어줍니다. 대화할 때는 부드러운 시선으로 상대의 눈을 마주보도록 합니다.

　　가끔은 자녀들이 친구를 집에 데려와서 함께 놀 수 있는 시간을 주면 좋겠습니다. 부모님들은 잠시 복잡하고, 조금 불편할지라도 그 시간은 아이들에게 참 소중하지요. 그리고 되도록 친구들과의 대화에 귀를 기울이고, 친구들끼리 할 이야기가 있다면 자리를 피해서 존중해주어야 합니다. 내 자녀들이 친구들을 어떻게 대하는지 확인해볼 수도 있거니와 자녀들에게 친구들과의 우정이 얼마나 가치 있는 것인지 알려줄 좋은 기회가 될 것입니다.

사례1 ★ 불우한 친구를 생각하며

현주는 지난주에 새로 구입한 유명 브랜드 운동화를 오늘에서야 신고 등굣길에 나섰다. 전엔 그토록 신고 싶어 했던 운동화였지만, 막상 사고 보니 그 운동화를 신고 학교에 가서 지영이와 마주치게 될 일이 걱정이었다. 결국 매일 아침 현관에서 망설이다 신지 못하고 그냥 나가곤 했다.

현주는 지영이의 얇은 운동화가 낡을 대로 낡아 바닥이 거의 뚫릴 지경이라는 것을 알고 있다. 할머니와 단둘이서 사는 지영이에게는 싸구려 운동화를 살 여유조차 없다는 것도 알고 있다.

현주는 엄마에게 운동화를 사 달라고 하며 같은 것으로 두 켤레를 부탁했다. 엄마는 지난 학기 초 지영이에게 현주와 똑같은 가방을 사준 일을 언급하며, "그 아이에게 매번 너와 똑같은 물건을 사줄 만큼 우리가 풍족하지 않을 뿐 아니라 그 아이를 그렇게 도와줄 의무는 없어."라며 잘라 말씀하셨다.

그러나 현주는 지영이의 딱한 사정을 모르는 척 외면하는 것이 항상 미안하게 느껴졌다. 지영이와 가까워질수록 그러한 감정들은 더욱 크게 다가왔다. 식구들과 주말에 어디를 놀러갔다든지 어디서 외식을 했다든지 하는 이야기는 가능한 한 숨기려 애썼고, 사소한 것이라 할지라도 새로 산 물건을 지영이가 보게 되면 왠지 항상 변명을 늘어놓게 되었다.

지영이의 처지를 생각할 때마다 자신의 풍족한 환경이 오히려 부담스럽게 느껴질 뿐 아니라 왠지 모를 죄책감에 빠져들곤 했다. 엄마가 말씀하신 것처럼 그렇게까지 해야 할 의무가 없다고 생각도 해보지만, 지영이에게 자신의 풍족한 모

습이 조금이라도 비춰질 때면 이상하게도 떳떳하지 못한 느낌을 떨쳐버릴 수가

없었다.

'내 새 신발을 보고 지영이는 어떤 느낌을 가질까? 또 어떤 변명을 늘어놓아야

하지?' 현주는 오늘따라 등에 멘 책가방이 무척이나 무겁게 느껴졌다.

해법 ♥ 어려운 처지에 있는 사람을 도와주는 마음은 아름다운 것이지만 항상 좋은 결과만 있는 것은 아닙니다. 특히, 자신의 능력 이상으로 벅차다는 것을 알면서도 상황을 무시하고 한사코 남을 도우려는 것은 비이성적인 사고방식입니다. 대상이 친구일 때도 마찬가지입니다. 내가 감당할 수 있을 때 남에게 도움을 주는 것은, 혹자는 이것이 모두의 의무라고도 말합니다.

그렇다면 현주와 현주의 엄마에게 지영이를 도와주어야 할 도덕적 의무가 있는 걸까요? 낡은 운동화를 신고 다니는 지영이에게는 새 운동화가 필요합니다. 그러나 그것을 꼭 현주가 구해주어야 하는 것일까요?

어려운 처지에 있는 사람이 도움을 받아야 할 권리가 있는 것은 아닙니다. 마찬가지로 사랑하는 사람에게 사랑받기를 원한다고 해도, 그 사람에게 사랑받을 권리를 갖는 것이 아니지요. 마음은 안타깝지만, 지영이가 새 운동화를 다른 이에게 받을 권리가 있는 것은 아닙니다.

만일 현주가 지영이에게 도와주겠다고 약속을 했다면, 이때는 서로 신뢰 관계가 새로 형성되며 현주에게는 도움을 주어야 할 도덕적 의무가 생긴 것입니다.

현주는 도와주고 싶지만, 경제적인 능력이 없어 미안한 감정을 가질 수는 있습니다. 그러나 죄책감을 가질 필요는 없을 것입니다. 그리고 현주 엄마가 지영이를 도와주고 싶다는 결정을 내렸다면 도덕적으로 높이 살 만한 일이지만, 그렇지 않다도 해도 비난받을 일이 아니며, 죄책감을 가질 일도 아닙니다. 무엇보다도 현주가 지영이의 생각을 먼저 들어보고, 지영이의 자존감을 한발 앞서 세심히 살피는 것이 좋지 않을까요?

....

사례2 ★ 온라인 폭력

다정이는 초등학교 6학년입니다. 다른 친구들도 대부분 그렇듯, 초등학교 4학년 때 엄마, 아빠에게 휴대폰을 선물 받아서 사용한 이래로 지금은 인스타그램, 페이스북 등 SNS를 통해서 친구들과 신나게 소통하지요.

그러던 어느 날, 다정이가 방문을 걸어 잠그고는 나오지 않는 것입니다. 지금 다니는 학원도 오늘 하루만 빠지겠다고 하고, 저녁을 먹으러 나오라고 해도 안 먹겠다고 합니다.

'다정이에게 무슨 일이 생겼구나!' 하는 생각이 든 엄마는 조심스레 방문을 노크해보았습니다. 그런데 다정이는 혼자서 흑흑 대며 울고 있었습니다.

"다정아, 엄마야. 무슨 일 있어?"

한참 있다가 용기를 내어 방문을 연 다정이. 그리고 학교에서 무슨 일이 있었는지 눈물을 닦으며 엄마에게 이야기하기 시작합니다.

친한 친구들이 어느 날 갑자기 한꺼번에 인스타그램 팔로잉을 끊었다며, 자기가 무슨 잘못을 한 것일까 아무리 생각을 해봐도 모르겠더랍니다. 이유가 있거나 아니면 싸움이라도 했더라면 사과를 하든지 화해를 하든지 해결책이 있을 텐데, 그런 상황도 아니어서 며칠 동안 무척 답답했다고 해요. 그리고 학교 교실에서 마주쳐도 아무도 다정이에게 인사하는 사람이 없었답니다. 아이들끼리 다정이를 '투명인간' 취급하면서 자기들끼리만 낄낄대며 신나게 노는데, 화도 나고 마음이 너무나 아팠답니다. 그래도 '언젠가는 진심을 알아주겠지.'라는 생각으로 급식 시간에도 혼자 밥을 먹으면서 버텼다고 합니다.

그러던 중, 별로 친하지 않았던 한 친구가 "야, 너 이거 봤어?" 하면서 인스타그램에 오른 사진을 보여주었는데, 맙소사! 다정이의 얼굴 사진에 괴상하게 낙서를 하고, 커다랗게 늘여서 몸통에 붙여 놓은 사진이었죠. 팔로잉이 끊긴지라 전혀 이런 사진이 올라왔는지 몰랐던 것이었죠. 다정이는 그동안 참았던 눈물이 터지기 시작했습니다. 자기의 사진을 이렇게 괴상망측하게 만들어서 올려놓고, 댓글로 낄낄거리고 함께 놀리며 웃는 친구들이 너무나 밉고 야속했답니다.

이 이야기를 찬찬히 듣던 다정이 엄마는 한편으로는 아직은 철없는 성장기 아이들의 짓궂은 장난 같은 별것 아닌 일에 다정이가 너무 마음 여리게 상처받는 것은 아닌가 하면서도, 또 한편으로는 이런 장난이 점점 심해질 경우 다정이가 온라인상에서 행해지는 '범죄' 피해자가 될 수도 있고, 혹시라도 이와 관련해 트라

우마를 갖게 되는 것은 아닌지 정말 마음이 아프기도 했습니다.

다정이 엄마는 이 문제를 어떻게 풀어가는 것이 좋을까요? 갈수록 심해지고 있는 아이들의 잔인한 온라인 폭력과 왕따 속에서 어떻게 다정이를 보호할 수 있을까요?

··

해법 ♥ 최근 신문이나 TV 등 미디어에서 보여지는 청소년들의 못된 행동들의 수위를 보면, 정말 혀를 내두를 때가 한두 번이 아닙니다. 단순히 친구에게 장난치거나 골탕을 먹이는 수준이 아니라 타인을 괴롭히는 정도가 어른들의 가장 나쁜 행동 못지않으니 말입니다. 이는 우리 어른들이 아이들에게 좋은 본보기가 되지 못한 잘못이 제일 크다고 할 것입니다. 어른이 된다고 해서 다 훌륭한 인격을 갖게 되는 건 아니니까요. 때문에 내 아이가 제대로 된 인성을 갖춘 성인으로 자라나기 위해, 어떻게 하면 거칠어져가는 환경 속에서 학교폭력의 가해자도, 피해자도 되지 않게 잘 키울 것인가 하는 것이 많은 부모님들의 고민거리가 아닐까 싶습니다.

다정이의 사례는, 요즘 어느 학교에서나 흔하게 일어나는 사이버 폭력(사이버-불링, Cyber-bullying)이지 않을까 싶습니다. 요즘은 초등학생 때부터 SNS(유튜브, 인스타그램, 페이스북, 카카오톡)를 활발하게 하는 아이들이 많아지면서 이런 문제들이 잦은 듯한데요, 가장 확실하게 피해나 가해를 예방하는 방법은 아이들이 SNS를 하지 않는 것입니다. 하지만 이런 식의 해법은 궁극적인 방법이 못되죠. 또래 친구들이 다 하는 SNS를 본인만 안 하는 것도 힘들고, SNS 세대에게는 그것이 세상과 소통하는 중요한 수단이기도 하기 때문입니다.

일단, 부모로서 다정이의 얘기를 듣고 다정이의 편에서 공감해주는 것이 무엇보다 중요합니다. 다만, 혹시라도 다정이가 친구들과의 관계에서 혹여 잘못한 일은 없는지, 친구들에게 불친절했다거나 혹은 너무 이기적으로 행동했다거나 하는 등의 태도를 보인 건 아닌지 살펴보는 것도 중요하겠습니다. 더불어 다정이가 친구들 사이에서 너무 나약한 모습을 보여 친구들이 다정이를 얕잡아본 것은 아닌지도 살펴봐야 합니다.

아직 인격이 완성되지 않은 청소년기 아이들에게는 본능적으로 강자와 약자를 구분하고 차별하는 일이 흔하기 때문입니다. 그래서 신체적으로든 정신적으로든 나약해 보이는 아이들이 괴롭힘을 더 많이 당하죠. 만약 다정이가 그런 상황이라면, 다정이가 신체적, 정신적 나약함을 극복할 수 있는 구체적 방법을 찾아야 할 것입니다. 전문가의 상담을 받아보는 것도 좋겠고요.

다음으로는, 다정이는 잘못한 일이 전혀 없는데 아이들이 이유없이 재미로 괴롭히거나, 혹여 다정이가 잘못한 것이 있거나 나약한 모습을 보였다 하더라도 집단으로 한 친구를 따돌리고 괴롭히는 일, 특히 SNS에서 다정이를 우스꽝스러운 모습으로 그려 창피함을 주는 일은 당연히 나쁜 행동입니다. 이에 대해 부모님은 담임 선생님이나 학교 관계자에게 사실을 알리고, 다정이와 다정이를 괴롭힌 아이들이 얘기를 나눌 수 있는 자리를 마련하는 것이 좋겠습니다. 일단 아이들끼리 먼저 대화를 함으로써 오해가 풀리거나 반성하고 서로 화해할 수 있는 기회를 주는 것이 제일 좋으니까요. 대부분의 평범한 가정에서 부모님의 사랑을 받고 자란 아이들이라면, 이 정도 선에서 자신의 잘못을 뉘우치고 다시 사이좋게 지내는 경우가 많습니다.

하지만 이렇게 했는데도 문제가 해결되지 않는다면, 부모님은 정식으로 학교에 이의를 제기하고, 가해 학생들의 부모님께도 사실을 알려 더이상 이 같은 일을 반복하지 않도록 자녀를 교육할 것을 요구해야 할 것입니다. 아이들의 잘못은 언제나 부모님의 문제이기도 하니까요.

....

사례3 ★ 정민이의 노이즈 캔슬링 이어폰

음악을 좋아해서 늘 이어폰을 끼고 다니는 정민이. 정민이의 이어폰은 최신 유행하는 제품인데요, '노이즈 캔슬링(noise canceling)'이라는 기능이 추가되었다고 해요. 말 그대로 이어폰을 끼면 주변의 소음이 감쪽같이 사라져 더 좋은 음질의 음악에 집중할 수 있는 기능이지요.

문제는 소음과 함께 주변 사람들의 목소리도 사라져서 잘 듣지 못한다는 점입니다.

사실 정민이는 중학교에 간 뒤로 매사가 부쩍 귀찮아졌습니다. 엄마, 아빠 말씀도 잘 귀에 들어오지 않고, 선생님 말씀도 건성으로 듣기는 마찬가지입니다. 그래서 택한 것이 이어폰입니다. 사실 딴생각에 몰두하고 있을 때면 앞에 지나가는 사람조차도 보이지 않아요. 그래서 차라리 귀를 막아보았더니 마음이 편하더랍니다. 음악을 듣고 있지 않을 때도 이어폰을 끼고 있으면, 음악을 듣고 있어서 말을 듣지 못했다는 핑계가 생기니까요. 그리고 혼자만의 공간에 들어온 것 같아서 아늑하다고 합니다.

이런 정민이를 보고 엄마는 불만이 이만저만이 아닙니다. 뭐 하나 심부름을 시키려 해도 서너 번은 꽥 소리를 질러야 하니 말이지요. 지나가는 경비 아저씨나, 이웃 아저씨, 아주머니들께 인사를 먼저 하지 않는 것은 기본, 아이가 너무 혼자만의 세계에 빠져 있는 것 같기도 하고, 표정도 부쩍 어두워진 것 같아서 걱정이 많습니다.

처음에는 아이가 사춘기에 접어들어 그러려니 했고, 사춘기가 지나고 나면 저절로 좋아질 테니 크게 염려할 일이 아니라고 생각하기도 했습니다. 하지만 자기 세계에 빠져 온종일 방에서 게임만 하고 가족과도 단절된 삶을 산다는 '히키코모리' 같은 존재가 되는 것은 아닌가 걱정되는 것은 어쩔 수가 없네요.

바깥세상의 소리를 듣고 싶어 하지 않는 정민이의 손을 잡고 다시 밝은 세상으로 데리고 나올 방법이 있을까요? 정민이의 엄마는 예전처럼 정민이의 다정한 "안녕하세요!" 소리를 다시 듣고 싶습니다.

해법 ♥ 청소년기의 두드러진 특징 중의 하나는, 자립심이 강해지고, 친구와의 관계가 매우 중요해지며, 이전까지 부모와 친밀한 관계를 유지했다 하더라도 반항적인 태도를 보이는 것입니다. 또래 친구들에게는 한없이 친절하고 다정하면서 정작 가족들에게는 무뚝뚝해지기도 하죠.

정민이는 지금 전형적인 사춘기 증상을 겪고 있다고 봐야겠죠. 최신형 이어폰을 귀에 꽂고 음악을 듣느라 부모님이 부르는 소리도 못 듣고, 다른 사람들과 소통하는 것이 귀찮아 다시 이어폰으로 귀를 막아버리는 상황입니다. 부모가 모르는 자기만의 비밀이 생기고, 성적과 외모, 이성 등에 대한 고민도 생깁니다. 어른들보다 또래들과의 소통이 훨씬 중요해지면서 부모님과 대화하지 않으려는 아이의 모습에 당황하기도 합니다.

여기서 먼저, 부모님은 정민이가 부모님을 대하는 태도에 너무 당황해하지 말고 정민이가 친구와의 소통이나 관계에서는 문제가 없는지를 살펴보는 것이 좋겠습니다. 직접 물어도 대답을 안 한다면, 정민이의 SNS 계정을 살펴보거나, 학교 담임선생님께 상담을 신청해 정민이가 학교생활은 문제없이 잘하고 있는지 확인하는 것도 도움이 되겠죠. 부담스럽게만 아니라면 정민이 친구들에게 정민이의 교우관계를 물어봐도 좋고요. 정민이가 학교생활을 하는 데 있어 큰 문제없이 친구들과도 잘 어울리고 있다면, 일단 부모님은 안심해도 될 듯합니다.

하지만 학교에서도 친구들과 잘 어울리지 않고 혼자만 있는다든지, 친한 친구도 없고 세상과 담을 쌓은 듯 이어폰 세계로 자기를 숨기고자 하는 경우라면, 주변 친구들로부터 소외감을 느끼거나 다정한 대우를 받지 못했거나 말 못 할 고민거리를 갖고 있는 것일 수도 있습니다.

이럴 경우, 부모님은 좀더 적극적으로 정민이와 함께 문제를 해결해야 합니다. 정민이가 무엇 때문에 다양한 소통을 단절하는지, 부모로서 어떤 도움을 줄 수 있는지 대화할 기회를 만들어야 합니다. 이때 부모님은 절대적으로 정민이의 말을 경청해야 합니다. 일단은 다정하고 사랑하는 마음으로 정민이의 상황과 감정에 공감하고, 윽박지르거나 별일 아니라는 듯 무시하는 태도는 금물입니다.

또 정민이가 몇몇 마음 맞는 친구들과 더욱 친해질 수 있도록 부모님이 계기를 만들어줄 수도 있을 것입니다. 친구들을 집으로 초대한다든가, 정민이 친구들에게 맛있는 음식을 사준다든가, 친구들과 같은 학원에 다닐 수 있도록 해준다든가 하는 식의 노력이 필요할 수도 있겠죠. 자주 어울림으로써 친구 관계가 더욱 돈독해질 수 있도록 말입니다. 부모님과의 소통에 물꼬가 트이고 나면, 자연스럽게 친구들과의 소통에서도 정민이는 자신감을 가질 수 있고 조금씩 예전의 다정했던 정민이로 돌아올 수 있으리라 생각됩니다.

이런 부모님의 노력조차 정민이가 거부하는 상황이라면, 심리

전문가의 도움을 받음으로써 정민이의 문제가 더 오래되고 심각해지는 것을 막아야 할 것입니다. 그 과정에서 정민이가 부모님께 전적으로 의지할 수 있도록 든든하게 버팀목이 되어 주어야 합니다.

: 이스라엘 _ 친절과 자선은 소중한 덕목

유태인들은 자선이나 선행을 소중한 가치로 여기고, 대대로 자녀들에게 가르칩니다. 탈무드에 나오는 다음 이야기를 통해 그들이 선행을 얼마나 중요한 가치로 여기고 있는지 살펴보죠.

"옛날 어떤 왕이 사신을 보내어 한 사람을 불러오라고 명령했습니다. 부름을 받은 사람은 왕이 자신에게 벌을 내릴 것으로 생각하고 두려워서 자신의 가장 친한 친구에게 동행해 달라고 부탁했지만, 친구는 냉담하게 거절했습니다. 다음으로, 친하지는 않지만 좋아하는 친구에게 부탁했습니다. 그는 왕궁의 대문까지만 동행해주겠다고 했습니다. 그런데, 끝까지 함께 가주겠다고 한 친구는 뜻밖에도 평소에 별로 좋아하지도 않았고 가깝게 지내지도 않았던 친구였습니다."

탈무드는 첫 번째 친구는 '재산', 두 번째 친구는 '친절'을 뜻하며, 마지막 친구는 '선행'이라고 하며, 평소에는 드러나지 않으나 죽은 다음에도 남는 것은 이 선행뿐임을 가르치고 있습니다. 구약 성경의 '소돔과 고모라'라는 이야기도 친절에 관한 이야기입니다.

"소돔이라는 도시에 이웃 지역에서 온 어느 여행자가 금을 지키는 파수꾼이 되었습니다. 그런데 도둑이 들어 그가 지키고 있던 금화 50닢을 훔쳐 가버렸습니다. 그는 이 금화를 변상하지 못하여 두 딸과 함께 노예로 팔려 가고야 말았습니다. 어느 날 노예로 팔려 간 딸 중 하나가 옛 친구를 만나 자신의 처지를 한탄하니 친구는 불쌍히 여기고 먹을 것을 구해주었습니다. 그러나 그녀는 노예가 된 친구에게 친절을 베푼 죄로 잔인한 방법으로 사형을 당하는 일이 벌어집니다. 결국, 친절을 베푼 사람을 죽인 이 도시는, 그 후 신으로부터 최대의 벌을 받아 멸망하고 맙니다."

이러한 가르침을 통해 유태인들은 친절과 선행을 당연하고 중요한 가치로 받아들이고 있습니다. 유태인의 속담 중 "세상은, 배우는 것과 일하는 것, 그리고 자선 위에 성립된다."는 말이 있지요. 자선을 베풀지 않으면 어떤 것도 이룰 수 없다는 가르침입니다. 그들은 자선을 의무로 생각합니다.

히브리어로 자선을 의미하는 '체카타'라는 말에는 '정의'라는 뜻도 내포되어 있습니다. 즉, 자선은 단순히 내게 남는 것을 베푸는 것이 아니라 먼저 행해야 할 가치인 것입니다. 따라서 유태인들은 어느 가정이나 어렸을 때부터 저축하게 하고, 불우한 이웃을 위해 그 저축한 것을 내어주도록 가르칩니다. 가난한 사람들에게 물건이나 돈을 나눠주는 것은 인간으로서 지켜야 할 중요한 덕목으로 생각합니다.

또한 유태인들은 친절과 선행을 도덕적인 의무로 생각하지 않습니다. 그저 일상생활 속에 배어 있는 가치로 여깁니다. 그들은 남을 배려하고 친절을 베푸는 과정에서 상대방의 마음과 감정을 더 깊이 이해하고, 그 안에서 지혜로운 인간으로 성장한다고 믿습니다.

• 11장 •
공정과 준법

• 공정이란 무엇인가?

'정의(justice)'는 우리가 매사에 있어서 공정함을 의미합니다. 사람이라면 당연히 취해야 할 것을 받고, 그 가치를 당당히 누리는 것입니다. 잘한 사람은 그에 합당한 보상을 받고, 잘못한 사람은 적절한 벌을 받는 것, 당연한 이야기이지만 이것이 바로 정의와 공정입니다.

나와 남의 권리를 보호하려 노력할 때 정의롭다고 일컫습니다. 남을 이용하여 이득을 취하지 않고, 남이 나의 권리를 해치는 것도 용납하지 않습니다. '공정(fairness)'의 법칙은 강자가 약자를 괴롭히고 해치는 약육강식, 정글의 법칙과는 다릅니다. 모든 이의 권리를 존중하고 보장해야 진정한 공정 사회입니다. 공정한 경기의 규칙이 지켜지는 사회입니다.

정의가 지켜지지 않으면 서로 이용하고, 상처를 주고받는 일이 계속됩니다. 사람은 성별, 인종, 종교 등에 의해 차별을 받아서는 안 되며, 죄가 없는 약자나 어린이 등이 고통받아서도 안 됩니다. 또한, 가진 자가 없는 자를 착취해서도 안 되는 까닭에 이 권리를 보호하고자 정의가 필요한 것입니다.

정의롭고, 공정한 법규에 따르는 것이 바로 '준법(obedience)'입니다. 준법의 목표는 우리의 권리를 보호하는 것입니다.

만일 대부분 사람이 공정한 규칙을 지키지 않을 경우, 규칙을 지키려 애썼던 나머지 사람들이 손해를 볼 수 있겠죠. 따라서 남들이 보든 보지 않든 법을 준수하는 준법정신을 길러야 할 것입니다. 준법은 신뢰 사회의 기반이 되기 때문입니다.

• 왜 준법이 필요한가?

준법은 우리 모두의 안전과 행복을 위해서 꼭 필요합니다. 법을 지키는 일을 중요하게 여기지 않는 것은 자신이나 타인에게 모두 해로운 일인데도, 계속 자유와 권리만을 고집합니다. 모든 사람들이 기분 내키는 대로 운전하면 길 위에서 얼마나 많은 사고가 일어나겠습니까. 그 상해는 이루 말할 수 없을 것입니다. 세상에는 수많은 위험이 도사리고 있으며 법을 지키는 태도, 준법 없이는 그를 막을 길이 없습니다.

준법의 태도는 안전과 더불어 자유로움도 줍니다. 더 큰 자유를 누리기 위해 약간의 희생은 감수할 가치가 있지요. 공동체를 보호하기 위해 제정된 법이 있는 것 또한 우리에게 자유를 줍니다. 법을 지킴으로서 상호 신뢰와 유대관계가 돈독해지는 것이지요.

준법정신은 가정에서 길러집니다. 누가 어떤 집안일을 도울 것인지 가족들이 모여 책임을 분배하고 규칙에 합의하는 과정에서 그 토양이 일궈집니다. 사회의 윤리는 가정의 윤리에서 시작됩니다. 가정에서 익힌 규칙을 지키려는 태도, 윤리적인 의식 속에 떨어진 씨앗이 꽃을 피우고, 열매를 맺어 사회적인 윤리 의식을 만들어내는 것입니다.

• 어떻게 공정성을 익힐까?

우선 가정에서 지킬 간단한 규칙들을 정하면 어떨까요? 이를 통해서 자녀들은 자기들이 맡은 바가 무엇인지 알고, 또 가족들이 기대하는 바도 함께 이해하게 됩니다. 그리고 대화를 통해 규칙의 중요성을 함께 얘기해봅니다. 사회생활을 하는 데에도, 학교에서도 규칙과 교칙이 있듯이 가정에서도 일정한 잣대가 필요합니다. 이러한 규칙이 불편함이 아닌 서로에게 편리함과 자유로움을 주고, 행복한 생활을 누릴 수 있는 지름길이라는 점을 이야기해봅시다.

몇 가지 규칙이 정해지면 보드판에 기록해서 눈에 보이게 해놓는 것이 도움이 됩니다. 각 규칙이 어떤 면에서 가족을 이롭게 하는지 그 이유를 설명해줍니다. 각 규칙에 상벌을 정하기는 하지만, 무섭기만 한 처벌이 아닌, 지키지 못했을 때 반성할 기회를 가지고 다시 시작할 수 있는 발판이라는 것을 전합니다.

물론 부모님들부터 공정함과 규칙을 준수하는 태도를 보여주셔야 합니다. 이때 정의롭고 공정한 태도를 보여주되 부드러움과 자비로움도 함께 갖추어야 합니다. 공정함도 중요하지만 관용의 마음도 함께 실천해야 하기 때문이지요.

우리 사회는 오히려 법을 지키면 손해라는 생각이 지배적입니다. 규칙이나 법이 사회에 혹은 우리가 속한 집단에 순기능을 하려면, 구성원 전체가 그것을 지키려 노력할 때에 한해서라는 사실을 분명히 인식시켜주어야 합니다. '모두 함께 지키기'가 준법의 핵심임을 알아야 하겠습니다.

사례1 ★ **친구 답안 훔쳐보기**

중학교 1학년인 경호는 지금 수학 학기말 시험을 보고 있다. 경호는 시험 공부를
열심히 했기 때문에 대체로 문제들을 쉽게 풀었다. 하지만 맨 마지막 한 문제는
좀처럼 풀리지 않았다. 밑줄을 그어가며 문제를 되풀이해서 읽어가던 경호는 문
득 이 마지막 문제가 자기가 공부하지 않았던 단원에서 출제되었음을 깨달았다.
그 부분은 선생님께서 말씀하셨던 시험 범위 밖이지 않은가! 경호는 화가 나서
'내가 이 문제를 못 푸는 것은 선생님의 잘못이지 내 잘못이 아니야.'라고 투덜거
렸다.

이때였다. 옆줄에 앉은 지원이의 답안지가 우연히 경호의 눈에 띄었다. 지원이는
수학을 잘하기 때문에 아마도 정답을 맞추었을 것이다. 경호가 지원이의 답안지
를 슬쩍 훔쳐보는 것은 그리 어려운 일이 아니었다. 이 상황에서 경호가 지원이
의 답안지를 몰래 훔쳐보아도 괜찮을까?

해법 ♥ 경호가 지원이의 답안지를 훔쳐본다면? 비록 그
문제가 선생님의 실수로 출제 범위를 벗어났다고 하더라도
남의 답안지를 훔쳐보는 행위 자체는 잘못된 것입니다. 경호의 행
동이 선생님께 발각이 되면 0점 처리될 것이겠지요.

시험을 볼 때 부정행위는 심각한 학칙 위반입니다. 부모님도 이
사실을 아시게 될 것이고, 학교에 와서 선생님을 만나 뵈어야 할지

도 모릅니다. 그렇다면 경호는 친구들, 선생님 그리고 부모님의 신뢰를 한꺼번에 잃는 것이지요. 이 상황에서는 일단 시험을 마친 후 선생님께 출제 실수가 있었다고 말씀드리는 편이 나을 것입니다.

설령 선생님께 들키지 않고 지원이의 답안지를 훔쳐보는 데 성공했다고 하더라도, 그래서 좋은 성적을 얻었어도, 이는 경호의 참 실력이 아닙니다. 그 사실은 경호가 제일 잘 알고 있습니다. 그리고 앞으로 이런 비슷한 기회가 오면 옆 친구의 답안지를 또 보지 않으리라는 법은 없겠지요. 꼬리가 길면 밟힌다고 언젠가는 선생님께 들키게 될 것입니다.

이러한 일이 반복되면 경호의 인성은 결코 바람직한 방향으로 형성될 수 없을 것입니다. 정직은 사람의 인성을 형성하는 데에 매우 중요한 덕목이기 때문입니다.

끝으로 경호가 지원의의 답안지를 훔쳐보는 것은 지원이에게도 불공평한 일입니다. 지원이는 그 문제를 풀기 위해서 바탕이 되는 공부를 열심히 했을 테니까요. 비록 예고한 시험 범위를 벗어났지만 지원이는 그 문제를 풀 준비가 되어 있었습니다.

그밖에도 다른 친구들에게도 불공평한 일이 될 것입니다. 경호는 그 문제를 풀기 위한 공부를 하지 않았는데도 공부를 한 다른 친구들과 비슷한 혹은 동일한 결과를 얻을 것이기 때문입니다.

사례2 ★ 우리 동네에는 절대 안 돼요

초등학교에 다니는 아이와 함께 반상회에 참석하기로 했습니다. 이번 반상회는 마을 앞 부도 난 공장부지에 노숙자를 위한 '사랑의 집'을 건립하는 문제로 주민들의 의견을 모으기 위해 소집된 것이었습니다.

아이와 함께 반상회에 가려고 집을 막 나서는데 전화벨이 울렸습니다. 자원봉사 단체에서 걸려온 전화였습니다. 우리 동네에 '사랑의 집'을 짓는다해도 주민들의 피해가 최소화되도록 시설을 갖추고 운영해 나갈 테니 어렵더라도 찬성해 달라는 내용의 전화였습니다.

반상회에 가 보니 '사랑의 집' 건축에 관하여 열띤 논쟁이 벌어지고 있었습니다. 많은 사람들이 '사랑의 집'을 지으면 집값이 떨어지고 아이들 교육상 좋지 않기 때문에 우리 동네에 '사랑의 집'이 들어서는 걸 막아야 한다고 주장했습니다.

반면 '사랑의 집'을 짓지 못하도록 막을 권리가 우리에게는 없으며, 그 동안 동네 불량배의 소굴로 골칫거리였던 공장터를 어렵고 힘든 이웃을 위해 사용하는 것이 차라리 현명한 선택이라는 의견도 만만치 않았습니다.

저는 솔직히 양쪽 의견 모두 일리가 있다고 생각하는 편입니다. 어떻게든 의견 표명을 해야 하는데 찬성하는 게 옳을까요? 아니면 반대를 해야 할까요?

 해법 ♥ 이는 님비(NIMBY, Not In My Backyard) 현상의 대표적인 사례입니다. 님비 현상이란, 사회적으로 필요한 시설이지만 그 시설이 들어서는 지역 주민들이 피해와 위험을 이유로 문제의 시설 건설에 반대하는 지역 이기주의 또는 집단 이기주의적 현상을 말합니다. 이러한 현상은 노숙자 숙소뿐 아니라 원자력 발전소, 쓰레기 매립장, 장애인 시설, 노인 병원 등을 세우려 할 때도 나타납니다.

물론 이 사례에서 지역 주민들의 주장도 영 근거가 없는 것만은 아닙니다. 주민들의 불평은 있을 수 있습니다. 그러나 '사랑의 집'은 사회적으로 꼭 필요한 시설이고, 이 동네가 아니더라도 다른 어느 곳엔가는 반드시 세워져야 합니다.

만약 이 동네가 사랑의 집을 건립하기에 적당한 조건을 갖추고 있다면, 주민들은 사회 전체의 이익을 위해 자신의 피해를 조금은 감수하는 시민의식을 발휘해야 하지 않을까요? 딴 데는 몰라도 우리 동네만은 안 된다는 태도는 성숙하지 못한 태도입니다.

만일 주민들이 전체의 이익을 고려해서 이곳에 시설을 짓기로 합의했다면 사회가 이에 대한 다른 보상을 해주는 것도 기대할 수 있습니다. 예를 들어 학생들을 위한 도서관이나 다른 편의 시설을 건립할 것을 사회에 요구할 수도 있을 것입니다. 그러면 사회 전체의 이익과 희생을 감수하는 동네 주민들 권익 사이에 어느 정도 균형이 잡힐 수 있을 것입니다.

사례3 ★ 남들도 다 건너잖아요

지훈이는 기분이 몹시 상했다. 별다른 잘못을 저지르지도 않았는데 엄마한테 어제에 이어 오늘 또 한번 호되게 야단을 맞은 것이다. 야단을 맞았지만, 아직도 그 이유에 대하여 수긍할 수 없기 때문에 더욱더 기분이 개운치 않았다.

어제 저녁 아파트 단지 앞 횡단보도에서 일어난 일이었다. 지훈이는 엄마와 함께 준비물을 사러 문구점에 가는 길이었다. 평소에도 교통량이 적은 곳이긴 하나, 어제 그 시간에는 도로에 차가 한 대도 없었다. 횡단보도에는 빨간불이 켜져 있었고 차가 없어서 그런지 신호는 더욱 길게 느껴졌다. 몇몇 성급한 사람들은 신호가 바뀌지 않았는데도 횡단보도를 건너기 시작했다.

그러자 지훈이도 도로에 내려서며 엄마의 손을 잡아끌었다.

엄마는 정색을 하시며 "빨간불인데 어딜 건너려고 그러니!" 라며 나무라시는 것이었다. 지훈이는 순간적으로 머쓱해져서 다시 도로 위로 올라섰지만 남들이 다 건너고 한참이나 기다려서 보행 신호로 바뀌고 난 후에야 길을 건널 수 있었다. 먼저 건너간 몇몇 사람들이 도로 건너편에서 이쪽을 쳐다보는 것이 느껴졌다. 별 것 아니지만 왠지 남들과 다르게 행동을 한 것이 부끄럽게 느껴졌다. 차가 없는 도로에서 이렇게 오랜 시간 동안 보행 신호를 기다리는 것이 얼마나 고지식한 일이며 시간 낭비인가!

그런 생각으로 오늘 낮에도 같은 지점에서 혼자 길을 건너게 되었을 때 신호에 관계 없이 양쪽 방향에 차가 없음을 확인한 후 자연스럽게 횡단보도를 건넜다. 그러나 공교롭게도 길을 건너는 모습을 엄마가 보게 된 것이다. 엄마는 어제 일을 상기시키며 지훈이를 그 자리에서 심하게 꾸짖으셨다.

지훈이는 집에 돌아와 몇 시간이 지난 지금까지도 억울한 마음이 가시지 않았다. 그것은 위험한 행동이라며 나무라시는 엄마의 말씀을 수긍할 수가 없었다. 중학생인 지훈이는 자신이 위험한 상황을 판단하지 못할 만큼 어리다고 생각하지 않을 뿐 아니라 남들이 다 하는 행동을 했음에도 불구하고 자기만 잘못했다고 꾸지람을 듣게 된 사실이 못내 억울했다. 지훈이의 생각은 잘못된 것일까?

....

해법 ♥ 아동 심리학자 콜버그에 따르면, 아이들은 도덕을 처벌과 복종의 메커니즘을 통해 이해한다고 합니다. 즉, 금지된 일을 하면 체벌을 받게 된다는 등식을 도덕으로 받아들이게 되는 것입니다. 그러므로 두 아이가 같은 잘못을 저질렀어도 한 아이만 발각되어 벌을 받게 되는 경우, 그 아이는 자신만 처벌을 받게 된 사실을 매우 억울해하죠.

이는 위의 사례에도 그대로 적용해볼 수 있습니다. 지훈이는 다른 사람과 똑같이 빨간불에 횡단보도를 건넜음에도 불구하고 자신만 꾸지람을 듣게 된 것이 억울한 것입니다. 따라서 이런 경우 엄마가 지훈이가 왜 꾸지람을 들어야 하는지를 제대로 설명해주지 않는다면, 아이는 앞으로 부모에게 발각되느냐 아니냐는 기준에 따라서 행동하려 할 것입니다.

이 경우 아이에게 분명히 말해야 할 것은, 질서를 지키는 행위가 자기 자신을 위한 행위라는 것입니다. 차가 다니지 않는다고 해서 빨간불일 때 횡단보도를 건너는 경우가 잦아지면, 교통 신호를 잘 살피지 않거나 무시하는 습관을 갖게 되겠죠. 그럴 경우 당연히 사고의 확률이 높아지며, 사고가 일어났을 경우 가장 큰 피해를 입게 되는 사람은 바로 사고를 당한 자신입니다. 그러나 어떤 경우에라도 교통 신호를 준수하는 습관을 갖게 되면, 주위를 잘 살피지 못한 경우라도 사고를 당할 위험은 줄어듭니다.

이렇게 볼 때 어떠한 제재도 없이 교통 신호를 무시한 채 횡단보도를 건너는 사람들과 무관하게 아이가 꾸중을 들어야 하는 이유는 명백합니다. 교통질서를 지키는 것은 다른 사람이 아닌 바로 나 자신의 안전 및 타인의 이익과 직결된 문제인 것입니다. 이런 관점에서 아이를 설득시키면 자신의 행동이 왜 잘못된 것이며 꾸중을 듣게 된 것이 결코 억울한 일이 아니라는 사실을 불만 없이 받아들일 수 있을 것입니다.

....

사례4 ★ 책 도둑도 도둑인가

혜연이는 두근거리는 가슴으로 아랫입술을 힘주어 깨물며 서점 출구를 나섰다. 혜연의 두터운 코트 안에는 시집 한 권이 숨겨져 있었다. 얼마나 가지고 싶어했던 책인가! 이곳으로부터 빨리 벗어나야 한다는 생각과 한시라도 빨리 집에 도착해 편안히 시집을 펼쳐보고 싶은 마음이 겹쳐서 혜연이의 발걸음은 점점 빨라지고 있었다.

서점은 혜연이의 집에서 멀지 않은 거리에 있었다. 어렸을 때부터 드나들던 이 서점은 큰 서점과는 달리 도난 방지 장치가 되어 있지 않았다. 그러한 이유에서 혜연이는 이 서점을 표적으로 삼았다.

혜연이의 품속에 숨겨져 있는 시집은 혜연이가 이 서점에서 세 번째로 훔친 책이었다. 두 달 전 처음 성공(?)한 후, 지난주에 이어 세 권째다. 문학소녀인 혜연이는 책 욕심이 유별나다. 그중에서도 시집에 대한 집착은 남달랐다.

그러나 꼭 필요한 교과서나 참고서도 사기 힘든 형편에 이러한 문학 서적을 사기 위해 용돈을 타낼 수는 없는 노릇이었다. 혜연이는 며칠 전 이 신간 시집을 발견하고는 그 책을 갖고 싶은 욕심을 한시도 억누를 수 없었다.

책을 품안에 넣는 순간부터 서점을 나올 때까지 서점 주인 아저씨의 시선이 자신의 등 뒤에 고정되고 있음을 느꼈지만, 혜연이는 "책도둑은 도둑이 아니랬어."라고 중얼거리며 걸음을 재촉했다.

....

해법 ♥ 혜연이는 자기가 훔친 시집 한 권쯤은 서점에 별 피해가 되지 않으리라고 생각하고 있군요. 풍족하지 않기 때문에 소유할 수 없는 어떤 것을 많이 가진 쪽에서 가져오는 행위는 범죄가 아니라고 생각했을 수 있습니다. 더군다나 그것이 책이었기에 어느 정도 용납되리라고 잘못 생각하고 있습니다.

그러나 혜연이의 행위는 엄연한 절도입니다. 남의 소유물을 몰래 가져왔고, 다른 사람의 소유권을 침해했지요. 그것이 비록 책한 권이라 할지라도 마찬가지입니다. 서점의 수많은 책 중 한 권일지라도 서점의 주인에게는 다른 책들과 마찬가지로 가치를 지닌 소유물입니다.

혜연이가 이 행위를 그만두어야 하는 이유는 습관으로 굳어질 가능성이 있기 때문이지요. 벌써 두 달 사이에 세 번째 훔치는 범죄를 저지르고 있습니다. 게다가 과정을 거치면서 나름대로 요령(?)도 생기고 성취감까지 키우고 있습니다. 앞으로 혜연이는 다른 물건도 나름대로 이유를 들어 양심의 가책 없이 쉽게 훔치게 될지도 모릅니다.

이 절도 행각이 드러나면 당연히 혜연이는 범법자가 됩니다. 조그마한 책을 훔친 행위로 돌이킬 수 없이 명예도 손상되고, 다른 사람들과의 관계에도 악영향을 미치게 될 것입니다.

또 책을 사라고 돈을 준 적이 없는데 못 본 책이 혜연이의 책상에 있는 것을 부모님이 발견한다면, 혜연이는 당황하며 거짓말을 할수도 있을 것입니다. 이렇게 자신의 잘못을 숨기는 것도 모자라 거짓말까지 하게 됨으로써 혜연이의 마음과 생각은 병들어갈 것입니다. 따라서 절도 행각을 즉시 멈추고, 부모님께 솔직히 고백한 후 서점에 제대로 변상하는 것이 최선이라 하겠습니다.

: 미국 _ 규칙을 정하고 철저히 지킨다

미국 사람들은 규칙을 대단히 중요하게 여깁니다. 그들은 규칙을 정하고 그것을 실천에 옮기는 일에 많은 시간과 노력을 들이지요. 그들은 아이들에게도 규칙이 필요하다고 생각합니다.

규칙이 없으면 아이들은 뚜렷한 기준을 아직 세우지 않았기에 충동적으로 행동하고 불안해할 가능성이 높기 때문입니다. 앞으로 생활이 어떻게 진행될지 예측하기 위해서라도 규칙이 필요하다고 생각합니다.

미국의 부모님들은 규칙을 정할 때, 해서는 안 되는 것보다는 '해야 할 것'을 규칙으로 삼는 경우가 많습니다. 부모님이 원하는 행동의 규칙을 알려주어서 아이들에게 목표 의식을 심어줄 수 있다고 생각하기 때문입니다. 부모님들이 원하지 않는 행동을 규정하는 것만으로는 자녀들의 구체적인 행동의 변화를 가져올 수 없다고 판단한 것이죠.

다음은 미국의 한 가정에서 정한 규칙들의 예입니다.

규칙1. 빨랫감은 세탁기 바구니에 넣어둘 것

규칙2. 다른 사람이 가지고 노는 인형을 빼앗으려고 하지 말 것

규칙3. 부모가 부르면 당장 달려올 것

규칙4. 음식을 씹을 때는 입을 다물 것

규칙5. 자기 차례를 기다릴 것

규칙6. 서로 사이좋게 지낼 것

규칙들을 살펴보면 부모님이 보기에 아이들이 할 수 있다고 생각되는 집안일들을 포함했고, 가족끼리 화목하게 지내기를 원하는 기대가 포함되어 있습니다. 그리고 규칙에 어긋나는 행동을 한 아이들에게는 가족이 함께 정한 규칙 몇 번이 어긋났는지 물어보면서 확실하게 기억하도록 유도합니다. 그러면 평생 이 규칙들을 잊지 않겠지요.

고학년으로 올라갈수록 아이들은 부모님들이 일일이 지시하는 것을 싫어하게 됩니다. 따라서 부모님들은 목록을 마련하고 그에 쓰인 규칙을 스스로 지키도록 돕습니다. 이 목록은 벽에 붙여 놓기도 합니다. 그리고 모든 가족이 동의한 규칙에 대해 명확히 정의 내린 것이기 때문에 가족 구성원 사이의 논란이나 이견을 없앨 수 있습니다. 그리고 공동의 목표를 달성할 수 있다는 이점이 있지요.

규칙을 정하는 것은 시작에 불과합니다. 규칙을 정한 뒤 부모님들은 규칙들을 잘 지켰을 때와 그렇지 않았을 때의 결과가 어떻게 나타날지를 상세하게 설명해줍니다.

그리고 규칙을 잘 지켰을 때는 당연히 많은 칭찬을 해줍니다. 이는 자녀들이 목표를 달성했기 때문만이 아니라 규칙을 실천하는 행동 자체가 칭찬받아야 마땅하기 때문입니다. 결과보다는 과정을 칭찬하는 것이죠.

한편, 자녀들이 규칙을 어겼을 때도 좀처럼 체벌하지 않습니다. 벌을 주는 것은 오히려 역효과를 낸다고 생각하기 때문입니다. 아이들이 스스로 자신의 일을 하도록 동기를 부여하고, 정해진 원칙을 일관성 있게 유지할 수 있도록 도와줍니다. 부모들 역시 솔선수범하기 위한 주의를 세심하게 기울입니다.

• 12장 •
근면과 검소

• 근면이란 무엇인가?

인간이 오늘날과 같은 문화생활을 영위하게 된 것, 그리고 사회 속 생존 경쟁에서 이기고 살아남는 것은, 오로지 열심히 노력하고 근면하는 생활에 의한 것이겠죠. 근면은 우리에게 매우 중요한 덕목입니다. 근면(勤勉)이란 한자어의 의미에서 유래하듯 '마음을 쏟아서 애쓴다'는 뜻으로, 단지 소처럼 일하는 것뿐 아니라 마음을 집중하며 몰입한다는 의미가 있습니다.

따라서 '근면(diligence)'이라는 덕목은 단순히 현대적인 노동의 의미를 나타내는 것이 아니고, 인간의 내면세계에 시선을 돌려 뜻을 실현하기 위해 애쓴다는 의미도 지니고 있습니다. 그러므로 근면은 단순한 노동이나 주어진 과제를 열심히 해낸다는 것 이상의 더 높은 정신세계를 지향하는 인간의 생활태도와 관련된 덕목이라 하겠습니다.

하지만 부지런히 노력한다는 뜻에서 근면은 노동의 개념과 떼려야 뗄 수 없는 관계입니다. 단순한 육체노동뿐 아니라 정신적인 작업도 함께 의미하지요. 막스 베버라는 독일의 사회학자는 "종교 개혁 이후 프로테스탄트의 금욕적인 절제와 노동의 윤리가 결합되어 자본주의의 원동력이 되었다."고 말했습니다.

절약이라는 덕목과 노동의 윤리가 근면의 개념 안에서 서로 깊이 결합하여 자본주의 발전을 위한 힘이 되었다는 것으로 이해될 수 있습니다.

• 왜 근면이 필요한가?

"천재는 2퍼센트의 영감(aspiration)과 98퍼센트의 노력(perspiration)으로 이루어진다."는 말이 있지요. 다른 사람들이 보기에는 천재가 하늘이 내려준 기적처럼 보일지 모르겠지만, 사실 엄청난 노력의 결과라는 의미입니다. 학문적인 발전, 발명뿐 아니라 성현이나 군자처럼 인격을 갈고 닦는 일에도 피나는 정진이 요구됩니다.

불교에서는 도를 닦거나 수련을 할 때 '용맹정진(勇猛精進)'이라는 말을 합니다. 유교에서도 자연의 운행이 강건하고 쉼이 없으니 군자도 이를 본받아 쉼 없이 정진한다고 했습니다.

옛말에도 학문에 뜻을 둔 사람은 반드시 학문에 부지런해야 하고, 선행에 뜻을 둔 사람은 선행에 힘써야 한다고 했습니다. 사람이 어디든지 뜻을 두면 근면함으로 그 뜻을 이루어나가야 한다는 것입니다.

인간은 누구나 인생에서 무엇인가를 이루고자 하는 바가 있지요. 그런데 그 뜻이 실제로 이루어질 수 있느냐의 여부는 재능도 뒷받침이 되어 주어야 하겠지만, 그가 얼마나 부지런히 그것을 추구하느냐에 달려 있다고 할 수 있습니다.

특히 근면은 자라나는 어린이들을 교육하는 데에 언제나 강조되어도 좋을 덕목입니다. 독일의 철학자 칸트는 이렇게 얘기했지요.

"어린이들이 부지런히 일하는 것을 배우는 것은 매우 중요한 일이다. 인간이란 일해야 살아갈 수 있는 유일한 동물이다."

다음 세대를 위해 문화와 갖가지 지식과 기술들을 남겨 물려주지만, 그중 최고의 믿음직한 재산은 바로 근면입니다. 새로운 지식과 기술의 홍수 속에서 근면만이 오로지 우리의 삶을 지탱해줄 수 있습니다.

또한 근면이란 덕목 안에는 기본적으로 절제의 의미가 포함됩니다. 절제와 절약이 뒤따라야 진정한 근면함이 완성되는 것이지요. 단지 물질적인 것을 아끼는 것뿐만이 아닌 정신적인 절제도 함께 의미합니다. 이러한 근면한 삶의 태도는 소박한 아름다움의 빛을 발합니다.

• 어떻게 근면을 익힐까?

매사 부지런한 습관은 철이 들기 이전부터 이미 가정의 분위기에서 체득됩니다. 부모님들이 게으르면 자녀들에게 부지런한 습관을 들이기 어렵습니다. 근면함을 통해서 자기 절제를 하고 인내하는 속에서 결실을 맺고, 이 벅찬 보람과 감동을 먼저 부모님이 느꼈을 때, 자녀들도 함께 가치를 체감하는 것이지요.

자녀들이 근면하고 절약하는 행동을 하는 순간을 유심히 살피고, 칭찬하고 상을 주면 좋겠습니다. 근면함으로 빚어진 긍정적인 결과들을 함께 기뻐하는 것도 좋겠지요. 절제하고 검소한 생활 속에서 정당한 소득으로 검소하고 떳떳하게 사는 것에 가치를 두는 청빈함이 올바른 인생임을 일깨워주기 바랍니다. 풍족한 삶을 누리기보다는 검소한 생활을 유지하며 이웃과 함께 나누는 기쁨을 맛보게 해주기 바랍니다.

사례1 ★ 중학교 때까지는 놀고 싶어

중학교 3학년인 예빈이는 초등학교 때까지만 해도 수학에도 큰 관심을 보이고, 숙제도 알아서 꼼꼼히 해가는 성실한 학생이었습니다. 이를 보고 예빈이 엄마는 조금만 더 옆에서 도와주면 좋겠다는 생각에 예빈이를 동네에서 조금 떨어진, 소위 말하는 '명문' 학원에 보냈습니다.

예빈이가 워낙 스스로 자기 학습량을 잘 소화해내는 터라 하나도 걱정하지 않았지요. 학교 마치면 학원 버스를 타고 갔다가 밤 11시 정도에 오는 빡빡한 일정이었습니다. 게다가 토요일까지도 학원에 나가 보강학습을 받고 돌아오기도 했습니다.

이렇게 바쁘게 지내던 어느 날, 예빈이는 엄마에게 학원을 그만다니겠다고 선언했습니다. 예빈이의 엄마가 보기에도 학원에 다닐 때의 예빈이 표정이 그다지 행복해 보이지 않아 그럼 잠시 쉬어보자고 했습니다. 그런데, 그때 '잠시'가 잠시가 아니었습니다. 아주 중학교 3년 내내 손에서 공부를 놓고 통째로 쉬고 있는 예빈이의 모습에 엄마는 걱정이 많습니다.

"중학교 때까지는 그냥 쉬고 싶어. 놀고 싶어. 마음껏."

예빈이는 고등학교 가서는 정신 차릴 수 있다며, 그때 가서 공부 시작해도 늦지 않다고 자신 있게 이야기합니다.

옆에서 제아무리 공부하라고 억지로 끌고 간다 할지라도 스스로 공부를 해야겠다는 필요성을 깨닫지 못하면 아무 소용이 없다는 것을 압니다. 하지만 학습력을 높이기 위해서는 분명히 일정한 인내와 절대 시간을 들여야 하기 때문에 예빈이 엄마는 오늘도 고민합니다. 공부에 흥미를 잃은 예빈이를 어떻게 설득해야 할까요? 설득하는 것으로 과연 공부 습관을 다잡는 데에 도움이 될까요?

....

 해법 ♥ 모든 부모님들은 아이들이 스스로 알아서 공부를 열심히 하고 잘하기를 기대합니다. 책도 많이 읽고, 뭐든지 척척 잘해서 부모님보다 나은 인재로 성장해 돈도 잘 벌고 사회에 기여하기를 바라죠.

하지만 대부분의 그런 환상과 욕심들은 아이들이 성장해 청소년기에 접어들면 많이 깨지는 것 같습니다.

예빈이는 분명 혼자서도 잘하는 친구였습니다. 숙제도 잘해가고 학습량이 늘어나도 군소리 없이 해내는 친구였는데, 예빈이 엄마는 '잘 달리는 말에 채찍질을 해서 더 잘 달리도록' 독려하고 싶었나 봅니다. 하지만 엄마의 기대와는 달리, 동네에서 떨어진 학원에 다니고 밤늦게까지 공부해야 하고 주말인 토요일까지 학원에서 수업을 해야 하는 상황을 예빈이는 받아들이기 어렵지 않았을까요? 스스로 알아서 잘할 수 있는 예빈이인데, 원하지 않는 것을 강제로 해야 하는 상황은 예빈이의 본래의 성실함과 근면함에 오히려 찬물을 끼얹은 것이 아니었나 싶습니다. 더불어 학습에 대한 지나친 부담과 과로로 인한 피로감으로 학습 의욕을 일시적으로 잃어버린 것 같아 보이고요.

일단 지금은 "중학교 때까지는 좀 놀고 싶다."는 자신의 생각을 예빈이가 분명하게 밝히고 있는 상황이기 때문에 부모님은 예빈이의 생각과 의지를 존중해주는 것이 좋겠습니다. 부모님 입장에서는 예빈이가 놀면서 보내는 하루하루가 아깝고 이렇게 가다가 다른 친구들에게 뒤처져 고등학교 가서도 영영 따라잡지 못할까 두렵겠지만, 지금의 방황을 끝내고 돌아왔을 때 예빈이는 스스로 길을 찾을 수 있으리라 믿어줘야 합니다. 예빈이는 똑똑하고 성실한 학생이기 때문에 혼자 힘으로 위기를 극복할 것이고, 혹은 필요하다면 언제든 부모님께 도움의 손을 내밀어 자신이 원하는 바를 이루기 위해 최선을 다할 것입니다.

그럼에도 불구하고 조급한 마음이 들어 예빈이가 될 수 있는 한 빨리 잃었던 공부에 흥미를 되찾게 되길 바란다면, 예빈이와 가깝게 지내는 친구의 도움을 받아보는 것은 어떨까요? 소위 '트윈학습'이라고 해서, 공부 실력이 비슷한 친구와 함께 공부함으로써 서로 학습 의욕을 북돋우고 각자가 어제의 자신을 경쟁 상대로 삼아 조금씩 실력을 쌓아 성장하는 것을 목표로 삼는 방식입니다. 일단 친구와 함께 공부하면서 '왜 공부를 꾸준히 하는 것이 중요한지'에 대한 해답을 스스로 찾아낼 수 있다면, 예빈이는 다시 자신만의 성실함을 되찾을 것입니다.

사례2 ★ **설현이의 사치 생활**

설현이는 일주일에 한 번씩 엄마에게 용돈을 받습니다. 설현이의 엄마는 용돈을 최대한 아껴 쓰라고 당부하면서, 모든 것은 자율에 맡기고 어디에 쓰는지 내역은 묻지 않겠다고 약속했습니다. 설현이도 이에 흔쾌히 동의했지요.

어느 날, 엄마가 빨래를 하려고 설현이의 윗도리 주머니를 탈탈 털었는데, 영수증이 몇 장이 나왔습니다. '이게 뭐지?' 하며 펴보는데, 그중 하나는 유명 커피 전문점에서 카페모카 두 잔을 사 마신 영수증이었어요. '얘가 이제는 커피도 다 마시네.' 하는 생각만 하고 그날은 대수롭지 않게 영수증은 쓰레기통에 버렸습니다. 어느 날은 학교에서 급식은 먹어도 개인 물병은 가지고 다니게 해서 물병을 꺼내려고 가방을 열었는데, 또 영수증 몇 장이 나옵니다. 같은 커피 전문점의 영수증이었지요. 그때는 설현이 엄마의 눈에 전에는 보이지 않았던 커피 한 잔의 가격이 들어왔습니다. 이것이 사람들이 이야기하는 '밥 한 끼보다 더 비싼 커피'로구나! 혹시 몰라서 다른 영수증들도 있나 살펴봤습니다. 아마도 친구들과 함께 갔었겠지만, 용돈을 받으며 생활하는 고등학생이 일주일에 두세 번씩 5000원도 넘는 커피를 마시는 것은 무리라는 생각이 들어서 이번 일은 좀 짚고 넘어가기로 했죠.

"설현아, 스*벅스에는 친구들이랑 같이 간 거니?"

"어, 친구 생일 때 친구들이랑 같이 갔지."

설현이는 아무렇지도 않게 대답합니다.

"엄마가 빨래하면서 영수증 나온 것을 봤거든. 그런데 한두 번 간 것 같지는 않던데?"

"음, 거기가 친구하고 이야기하고, 가끔 공부하기도 좋아. 방해하는 사람 없어서."

"그런데, 너 용돈 받는 것 가지고 거기 그렇게 자주 갈 수 있겠어? 지난주에도 엄마한테 용돈 더 달라고 해서 가져갔었잖아."

"엄마는 나 용돈 쓰는 것 가지고 이야기 안 하기로 해 놓고 왜 그래? 그리고 거기 가면 안 돼? 좀 비싸긴 하지만 내가 알아서 용돈 내에서 가는 건데, 그게 그렇게 꼴 보기 싫어? 그리고 다른 친구들은 다 명품 지갑이나 백이 있는데, 엄마는 그런 거 사주지도 않으면서 왜 내 용돈 쓰는 걸로 잔소리해?"

이러면서 자기 돈을 자기 마음대로 쓰는데 무슨 상관이냐는 듯 따지며 짜증냈습니다. 공부 스트레스, 미래에 대한 불안감, 진학과 진로 문제 등으로 한창 예민할 때이긴 합니다만, 설현이의 엄마는 그래도 이 이야기를 꼭 해야겠다는 생각에 말을 했습니다.

"학생이라서, 혹은 어려서 비싼 커피를 파는 곳에 가면 안 된다는 게 아니라, 본인에게 맞는 지출은 어느 선까지인지 분별할 줄 아는 능력을 키우는 것이 중요해. 현재 너의 용돈 규모로 봤을 때 그렇게 비싼 음료를 자주 마시는 건 분명 낭비야."

요즘 아이들이 대체로 소비에 대해 쉽게 생각한다는 것을 알고는 있었지만, 이제 곧 성인이 되고 사회에 나가게 될 텐데, 돈을 버는 일과 돈을 쓰는 일에 대해 어떻게 방향을 잡아 설현이에게 이야기하는 것이 좋을까요?

해법 ♥ 청소년기는 어린이에서 어른으로 성장하는 과도기로, 스스로 생각하고 행동을 결정, 실행하는 일을 본격적으로 배우는 단계라 할 수 있습니다. 아직 의사결정 능력이 성숙하지 않았기 때문에 이 시기에 아이들에게 올바른 사고방식과 예의 바른 행동, 그리고 의사결정 능력을 길러주는 것이 무척 중요하죠. 그중 최근 들어 가장 주목해야 하는 교육이 바로 '돈'과 관련된 것이 아닐까 생각합니다.

자본주의 사회에서 '돈'은 행복한 삶을 살아가기 위해 꼭 필요한 존재입니다. 따라서 돈을 버는 것과 돈을 쓰는 것에 대한 바른 교육이 중요하죠. 그래서 요즘 부모님들은 아이들이 어릴 때부터 용돈을 주어 스스로 관리하도록 독려하고, 각종 경제 관련 공부를 할 수 있도록 책도 사주고 하죠. 이렇게 아이들이 스스로 수입과 지출의 균형을 맞추고, 용돈을 규모 있게 쓰는 경제관념을 심어주는 일도 어린 시절부터 습관화시키는 것이 매우 중요합니다.

그런데 지난해 한 신문에 실린 기사를 보니, 요즘 청소년들 사이에서 소위 '명품' 소비가 늘고 있고, 주로 부모님이 사주신다는 내용이 있더군요. 즉 경제적 능력이 없는 학생이 용돈을 모아서 사기 힘든 몇십만 원에서 몇백만 원에 이르는 유명 브랜드의 물건을 부모님께 사 달라고 하고, 부모는 친구들도 많이 갖고 있다고 하니 내 아이가 기죽을까 봐 어쩔 수 없이 사준다는 건데요. 게다가 이런 명품 제품을 구매했다며 너도나도 SNS에 올리면서 친구들의 모방

소비와 과시 소비를 부추기고 있는 실정이라고 합니다.

이에 대해 곽금주 서울대 심리학과 교수는 "청소년들의 경우, 부모보다는 친구들의 판단이나 의견이 더 중요한 시기다. 이 같은 심리를 '동조현상'으로 설명할 수 있는데, 친구들이 하는 것을 무조건 따라 하고 싶은 욕구가 크다는 것"이라고 설명하기도 했습니다.

위의 사례에서 설현이의 경우에는 아직 부모님이 걱정할 정도로 비싼 물건과 과소비에 집착한다고 보기는 어렵지만, '바늘 도둑이 소 도둑 되듯' 부모님의 걱정처럼 처음엔 비싼 음료부터 시작했다가 나중에 더 비싼 물건으로 감당하기 어려울 만큼 소비하게 되는 것이 아닐까 하는 점입니다. 이는 충분히 발생할 가능성이 있는 일이며, 지금부터 올바른 소비에 대한 개념을 심어주지 않으면 안 됩니다.

이때 중요한 점은, 부모님의 솔선수범입니다. 부모님이 혹시 명품을 좋아하거나 낭비하는 습관이 있지는 않은지, 아이가 은연중에 부모님의 소비 행태를 답습하고 있는 것은 아닌지 살펴야 합니다. 부모님 본인들은 쉽게 낭비하고 소비하면서 자녀들에게 '근검절약'하는 행동을 요구하기는 힘들겠죠.

부모님께 그런 소비 성향이 있지 않다면, 자녀와 함께 올바른 경제관념과 관련된 공부를 해보는 것이 좋겠습니다. 버는 돈, 쓰는 돈, 저축하는 돈의 균형을 어떻게 맞추고, 합리적이고 알뜰하게 소비하는 것이 왜 중요한 가치인지를 함께 배우는 것이죠. 그러면서 자녀가 스스로 칭찬받을 만한 일을 하고, 근검절약하는 행동을 실천한다면, 부모님은 그에 대한 보상으로 자녀 명의로 된 통장이나 증권 계좌에 보너스를 지급해 적립해주는 '칭찬 보너스제' 같은 것도 동기부여가 되지 않을까 싶습니다.

더불어 친환경 성향(eco-friendly)을 지닌 요즘 아이들에게 과소비와 낭비가 지구 환경에 미치는 나쁜 영향에 대해서 알려주는 것도 아이의 생각을 변화시킬 수 있는 하나의 방법이 될 수도 있겠습니다.

과거에 비해 물질적으로 훨씬 풍족한 시대를 살고 있는 요즘 아이들에게 합리적이고 이성적인 소비에 대한 판단 능력을 반드시 심어줘야 합니다. 청소년기에 형성된 잘못된 소비 관념을 바로잡지 못하면, 성인이 된 후 부모로부터 경제적으로 독립하는 것은 고사하고 빚과 가난의 굴레를 벗어날 수 없게 될지도 모르기 때문입니다.

: 독일 _ 벼룩시장에서 배우는 근검절약

자신이 직접 돈을 벌어보지 않고는 돈의 소중함을 알기 어렵습니다. 우리나라에서는 보통 자녀들이 고등학교 졸업할 때까지 부모님께 용돈을 받아 쓰고, 이후에야 아르바이트를 하거나 취업을 해서 내 손으로 직접 용돈을 벌어 쓰지요.

독일의 부모님들은 자녀들에게 용돈을 그리 쉽게 주지 않습니다. 이미 받은 용돈 외에 더 필요한 돈은 부모님의 심부름을 하거나, 차를 청소하는 등 집안일을 하고 나서 보상으로 받게 됩니다.

용돈이 부족해진 아이들은 자기 물건 중 이제는 필요하지 않은 것들을 모아 플리마르크트(벼룩시장)로 가지고 나와 팔기도 합니다. 대도시의 벼룩시장은 계절과 관계없이 매주 열리지만, 시골에서는 겨울을 제외하고 한 달에 한 번 드물게 장이 섭니다.

벼룩시장에 나가면 별의별 잡다한 것들이 나와 있기에 원하는 물건을 헐값에 살 수 있습니다. 그리고 독일의 가게는 정찰제로 운영되지만, 이곳만큼은 물건을 두고 삼삼오오 짝을 지어 흥정하는 재미도 느낄 수 있답니다.

어린 친구들은 벼룩시장의 한 구역을 따로 차지하고 자기들끼리 물건을 사고팔곤 합니다. 주말이라 늦잠을 자고도 싶을 텐데 아이들이 장터에 나오는 시간은 무려 새벽 6시! 그 시간에 나와서 짐을 챙겨 집으로 돌아가는 시간은 대개 오후 1시쯤이죠. 그러니 아이들은 꼬박 일곱 시간을 용돈을 마련하기 위해 벼룩시장에 나와서 앉아 있는 것입니다.

벼룩시장의 판매 목록은 다음과 같습니다. 장난감은 물론 동화책, 어린이 잡지 시리즈, 만화책 같은 아동 도서들과 쓰던 색연필, 크레파스 같은 문구류, 롤러스케이트나 수영할 때 신는 오리발 같은 운동용품, 작아진 옷 종류 등 그야말로 만물상이지요. 아이들은 자기가 가지고 있는 물건 중에서 필요없다고 생각하는 것은 죄다 들고나와 개당 1, 2유로를 받고 팝니다. 아이들에게 인기 있는 바비 인형은 5유로까지 받기도 하고요.

파장할 때가 가까워지면 들고나왔던 물건을 도로 가져가기가 짐스러워진 아이들이, 벌여 놓은 물건을 몽땅 묶어서 헐값에 팔아버리고 돌아가기도 합니다. 또 남은 물건을 다음 장날에 다시 가지고 나오기도 하지요. 개중에는 아프리카 어린이들을 돕기 위해 성금을 모으는 중이니 자기 물건을 사 달라고 소리치는 아이들도 있습니다. 중고라도 쓸 만한 것이라면 벼룩시장을 이용해서 알뜰구매를 할 수 있어서, 독일 사람들은 새 물건을 사기 전에 한 번쯤 더 생각해봅니다. 독일인의 합리성은 필요없는 중고품을 필요한 사람에게 헐값에 팔고 돌려 쓰는 벼룩시장에서 나왔다고 해도 과언이 아닙니다.

우리나라 사람들은 예로부터 밖에서 가지고 온 물건은 액운이 따라온다고 해서 꺼리는 경향이 있었습니다. 그러나 다행히 요즘은 그런 낡은 생각들이 사라지고, 중고물품을 교환 판매하는 인터넷 벼룩시장에서 거래가 활발하게 일어나고 있고, 이것이 오히려 트렌드가 되었다고 하니 즐거운 소식이 아닐 수 없습니다.

덕윤리에 바탕을 둔 인성교육

여러분들은 세상에서 가장 어려운 일이 뭐라고 생각하십니까? 혹자는 "남의 돈을 내 주머니에 넣는 것과 내 생각을 남의 머릿속에 넣는 것"이라고 말하던데요, 제가 생각하기에는 '자녀를 양육하고 교육하는 일'이 아닐까 싶습니다.

옛말에 "교육은 백년지대계(百年之大計)"라고 했습니다. 비단 한 국가의 미래를 위해서만이 아니라 우리 가족, 우리 사회의 더 나은 미래를 위해서 다음 세대를 올바르게 교육하는 것이 얼마나 중요한가를 보여주는 말입니다.

그런데 언제부턴가 우리 사회에서, '교육'이라는 말이 '공부'라는 말과 동의어처럼 받아들여지기 시작하면서, 한 개인의 인성과 인격을 바르게 이끌어주는, 인성교육의 가치가 사라지고 있습니다. 가정에서도, 학교에서도, 사회에서도 오직 지식을 쌓는 공부에만 집중한 나머지 도덕과 윤리의 가치는 심하게 훼손되었습니다. 심지어 도덕과 윤리를 지키며 사는 사람은 '세상 물정 모르는 바보' 취급당하기 일쑤입니다.

최근 들어 미디어에서 보도되는 수많은 패륜적 사건, 사고를 접하면서도, 그 누구도 '인성교육'의 중요성과 필요성을 주장하는 것 같지 않습니다. '인성교육'의 핵심인 윤리와 도덕을 구시대의 유물인 양 여기고, 꼰대들의 잔소리 정도로 취급하고 있는 현실이 안타깝습니다.

자녀가 태어났을 때는, 내 아이가 평생 건강하게, 바르게 자라기만을 바라던 부모님들도, 자녀들이 학교에 들어가면 무조건 공부 잘하길, 경쟁에서 이기길 바랍니다. 빈부 격차가 심하고, 어디서든 경쟁이 치열한 현대의 사회 분위기에서는 어쩌면 당연한 일인지도 모르겠습니다.

하지만 부모님들도 인생을 살면서 느꼈듯, 재능이 출중한 사람이라도 덕이 부족하면 함께하기 힘들지 않던가요? 이기적이고, 타인을 배려할 줄 모르며, 신뢰할 수 없고, 공정하지 않은 사람과 가까이 지낼 수가 있던가요? 교만하고, 결단력이 없고, 책임감이 없는 사람들 때문에 곤란을 겪지 않았나요? 짧은 시간 동안은 그런 사람들과 잘 지낼 수도 있겠지만, 결코 오래 함께할 수는 없을 것입니다. 나의 행복을 갉아먹고, 나를 불행으로 이끄는 사람들이기 때문입니다.

　세상에 수많은 가치 있는 덕목들이 있지만, 이 책에서 제시한 12가지 덕목은 나와 타인, 나아가 세상을 모두 이롭게 만드는 인성교육의 핵심 덕목들입니다. 이 12가지의 핵심 덕목을 깊이 생각하고, 배우며, 습관화하고, 행동에 옮김으로써 나뿐만 아니라 타인까지도 행복하게 만들 수 있습니다. 이런 덕목들은 한 살이라도 어릴 때부터 부모님과 선생님이 교육해야 하는 것들이며, 아무리 강조해도 지나치지 않는 것들입니다.

　'인성교육'이라는 주제를 다룬 책을 마치면서 마지막으로 어떤 내용을 담는 것이 좋을까를 고민하다가, 오랫동안 대학교에서 '덕윤리'를 가르쳐온 철학자로서 덕윤리에 바탕을 둔 '인성교육'에 대해 논리적인 타당성 문제를 다루는 것이 좋겠다고 생각했습니다. '인성교육'은 한 사람의 정신과 마음가짐과 떼려야 뗄 수 없는 것인 만큼, 습관화된 삶의 기술로서 덕이 인성교육에 꼭 필요함을 살펴보는 것도 의미가 있을 것입니다.

• 지행합일의 문제

철학의 아버지 소크라테스의 《대화록》에서 제시한 그의 입장은 '알면 행한다'는 논변입니다. 소크라테스는 '제대로 알면 반드시 행하게 된다'는 주지주의적인 태도를 보이며, 앎, 즉 지식의 중요성을 강조하고 있습니다. '좋은 것(the good)'이 무엇인지를 제대로 알면 반드시 행한다는 것이지요.

덧붙이자면 좋은 것이 뭔지를 알고서도 나쁜 것을 행하는 어리석은 자는 없다는 것이 그의 생각입니다. 즉 나쁜 것을 행하는 자는 좋은 것이 뭔지 모르기 때문이라는 논리이죠. 이렇게 소크라테스는 철저히 앎과 행위의 통일, 즉 '지행합일(知行合一)'을 주장하여 아는 것이 전반적으로 중요하다는 주지주의적인 입장을 전개합니다. 합리적 도덕(rational morality)의 선구자가 된 것이지요. 그렇다면 과연 소크라테스의 이와 같은 입장은 옳은 것일까요?

소크라테스의 수제자인 플라톤은 스승의 죽음 이후 정치가가 되려던 꿈을 접고, 스승의 사상을 후대에 전하기 위해 소크라테스를 주인공으로 한 수십 편의 《대화록》을 남깁니다. 플라톤보다는 조금 후배이지만 같은 소크라테스의 제자 가운데 한 명인 아리스토텔레스는 궁중 전의(典醫)였던 아버지를 닮아서인지, 다소 관념적 성향을 지닌 플라톤과는 대조적으로 경험을 매우 중시하는 성향의 철학자였다고 합니다.

아리스토텔레스는 우리가 일상 속에서 경험하는 도덕으로 미루어보아 '알면 행한다'는 소크라테스의 입론은 의문의 여지가 있다고 판단했습니다. 옳은 것이 무엇인지를 분명히 알면서도 행하지 못하는 경우를 많이 겪기 때문이겠습니다.

우리는 알면서도 실천에 옮길 의지가 약하거나, 순간 감정이 내키지 않거나 혹은 자제심이 부족한 터라 다른 유혹에 빠져 그 행위를 놓치는 일이 흔하지 않습니까. 그야말로 도덕적으로 실패에 봉착하는 바람에 후회하고, 반성하며 심지어 회한에 잠기기도 합니다.

알아도 행하지 못하는 도덕적인 실패(moral failure)는 자제심이 부족한 탓이기도 하고, 실행하려는 의지가 약하거나 감정의 부조화 때문이기도 합니다. 왜 이러한 일이 벌어지는지 돌이켜보면, 좋은 것, 옳은 것은 행하기가 어려움은 기본이고, 그를 식별해내는 눈을 지니기조차 쉽지 않기 때문입니다. 그렇기에 우리는 더욱 일반적인 시선으로 도덕적인 실패의 원인을 찾아내고, 처방책을 탐구해볼 필요가 있습니다.

• 도덕적 실패의 원인과 극복

소크라테스가 알면 행한다고 하여 아는 것을 먼저 강조함으로써 합리적 도덕관을 제시한 것은 서양 윤리학사에서 주목할 만한 방향설정이라 할 수 있습니다. 물론 소크라테스만이 아니라 동서양의 대부분의 철학이나 종교는 대체로 아는 것이 중요함을 강조하고 있기는 합니다. 불교 또한 무지(無知), 알지 못함, 즉 무명(無明)을 모든 악업의 원인으로 간주하고, 무명을 떨치고 깨달음(覺)을 얻는 것이 선업의 출발이라 여기지요.

고려시대 지눌이 강조한 '돈오점수론(頓悟漸修論)' 역시 깨달음의 중요성에 주목하고 있습니다. 본디 이 공부법은 어느 한순간 깨우치고, 그 뒤로 점진적으로 닦아 나아가는 공부법입니다. 물론 순간의 깨달음을 얻기 위해서는 엄청난 노력의 공덕을 오래도록 닦아서 쌓아올려야 하지요. 그러나 제대로 깨달은 후의 수행은 깨닫기 이전의 수행과 비교할 수 없을 정도로 효과적입니다.

이처럼 아는 것, 지식, 지혜의 중요성을 우선으로 여기는 것은 불교뿐 아니라 유학의 격물치지(格物致知) 사상 등에서도 나타납니다. 사태를 세밀히 관찰(格物)하여 아는 것을 지극하게 한(致知) 연후에야 뜻을 성실히 하고(誠意) 마음을 바르게(正心)할 수 있으며, 이를 바탕으로 비로소 '수신제가 치국평천하'라는 수기치인(修己治人), 내성외왕(內聖外王)의 가르침이 완성될 수 있다는 것입니다.

그러나 무엇이 옳고, 무엇이 좋은 것일까요? 이를 제대로 구분해내기도 어려운 것이 문제이지요. 무언가를 알 때 일반적이고 추상적인 원칙만 익힌다면 구체적인 어떤 상황이 생겼을 때, 이것이 뭐가 뭔지 모르고 우왕좌왕하는 경우가 허다합니다. 세밀하게 파헤치지 못하고, 원론적인 수박 겉핥기식의 지식만으로는 제대로 안 다고 하기 어렵습니다.

이와 같은 관점에서 보면, 좋은 것이 뭔지 대충만 알고 있을 뿐 진정한 '내 것'이 되지 못했을 때도 제대로 안다고 하기는 어렵습니다. 어떤 것이 좋은 것인지 생생하게 체감했을 때, 그것이야말로 진정한 앎에 이른 것이지요. 내가 직접 부딪쳐 체험해서 얻은 지식이야말로 진정으로 아는 것이겠습니다.

반대로 이론으로만 알고 있는 원론적인 지식만 가질 뿐(know that, know what), 할 줄 아는 실천적 지식(know how), 즉 지혜를 갖지 못하는 경우 또한 제대로 안다고 할 수 없습니다. 수영에 관한 책을 열 권이나 읽었어도 직접 물속에 들어가 수영하는 기술을 익히지 못했다면 이것이 진정 수영을 '할 줄 아는' 것일까요? 이것을 안다고 여기고 있지만, 실상은 제대로 아는 것이 무엇인지 가려내기는 어려운 일입니다.

그러면 무엇이 옳은지 알고 있기는 하지만, 그를 행할 실천 의지가 없다면 어떨까요? 의지가 나약하고, 자제심이 결여된 터라 실행하는 것을 실패했다면, 이때 요구되는 것은 무엇일까요? 강철을 만들기 위해 무쇠를 달구듯 의지를 끊임없이 단련하고, 연마하여 강화(strengthening will)하고, 유혹의 손길을 돌파할 수 있는 도덕적 용기(moral courage)를 기르는 일이 급선무일 것입니다.

이것저것 까다롭습니다만, 옳은 행위를 의무라 생각하고 억지로 행할 수는 있으나, 자발적으로 기꺼이 행할 마음이 없을 때는 어떨까요? 그 또한 바람직한 상황은 아닐 것입니다. 반복적인 실행의 노력은 결국 그 열매로 맺는 쾌감과 즐거움도 따르기 마련이기 때문이죠. 도덕적인 행위의 고귀함에 맛을 들이고, 익숙해지는 과정에서 감정이 순화되고 조율되면서 점차 습관으로 몸에 배고, 온전한 내 것이 되어 나갑니다.

이와 같은 논의를 통해 도덕적인 실패를 최소화하고, 도덕적 행위를 즐기는 경지에 이르러서야, 기꺼이 내 의지로 할 수 있는 방법을 정리해볼 수 있겠습니다.

우선 도덕적으로 바른 것, 좋은 것이 무엇인지 제대로 알아야겠습니다. 사용되는 개념의 의미를 명료하게 이해하는 것뿐 아니라, 도덕적인 추론이나 논변 또한 타당해야 하고, 이에 관련된 지식 또한 참이어야 하겠지요.

둘째로 의지를 꾸준히 단련하고 연마하여 강화시켜야 합니다. 옳은 일이 있다면 주저하지 않고 실행에 옮길 수 있는 용기가 있어야 하는데, 이를 위해서는 끊임없이 반복하여 내공을 기르고 유혹을 이겨내는 부동심(不動心)과 마음의 일관성을 지키는 항심(恒心)을 길러야 합니다. 맹자는 옳은 일이라면 어떠한 난관이 와도 무릅쓰고 초지일관 지켜내는 도덕적인 기상을 키워야 한다고 했는데, 이것이 바로 '호연지기(浩然之氣)'입니다.

마지막으로 어린 시절부터 옳은 것, 좋은 것, 귀한 것에 익숙하고 즐거움을 느끼게 할 수 있는 정서를, 교육을 통해서 길러주어야 합니다. 그리고 옳은 것을 실행할 때 그것을 기꺼이 받아들일 수 있는 마음가짐의 균형도 잡아야 할 것입니다. 이를 위해서 미술, 음악 등을 가까이 접할 기회를 마련해서 문화를 즐길 줄 아는 사람으로 기르는 것이 중요합니다. 우리의 삶은 곧고 바르기도 해야 하지만, 그 자체로 즐거워야 하기 때문이지요.

결국, 덕윤리에 바탕을 둔 인성교육은 인지적 각성 – 의지의 강화 – 감정의 조율, 인간의 세 가지 마음의 요소인 '지정의(知情意)'의 삼각 꼭짓점이 맞닿아야 하는 통합 프로젝트입니다. 도덕적으로 어떤 것이 옳은지 식별해내는 능력을 기르고, 그를 실천하려는 의지를 부단히 단련하며, 그 과정에서 감정을 순화하고 조율하는 덕성 교육을 통해 완성됩니다.

• 수양과 습관의 중요성

이처럼 실천적 지혜와 관련한 공부 방법을 요약하여 정리한 사람은 동양에서는 공자를 꼽을 수 있습니다. 공자의 행적과 어록을 정리한 책은 4서 3경 가운데 《논어(論語)》입니다. 《논어》에서는 올바른 공부의 방법을 이야기하고 있습니다. 다른 사람의 지식을 배우고 받아들이는 '학(學, learning)'과 스스로 자율적으로 생각하는 '사(

思, thinking)'로 이루어지며, 이는 어느 하나도 소홀히 할 수 없는 공부의 두 수레바퀴라고 말합니다.

공자는 "남의 지식을 배우기만 하고 스스로 생각하지 않으면 번잡스럽고(罔), 혼자 생각만 하고 배우지 않으면 위태롭다(殆)."고 했습니다. 만물박사의 백과사전식 잡다한 지식을 주체적으로 하나로 꿰지 못하면 잡학이 될 뿐이고, 혼자서 골똘히 생각만 하면 독선에 빠질 위험이 있다는 의미입니다. 실제로 공자는 식음을 전폐하고 사흘을 내리 생각만 해봤지만 아무런 소용이 없었다고 말합니다.

따라서 지식이 이론에 그치지 않고, 실천적 지혜가 되려면 '學'과 '思', 즉 배우고 생각하는 것에 그치지 않고, 아는 것을 반복하여 실행하여 습관으로 만들어야 합니다. 이 과정을 뛰어넘어서야 내면에 체화되고, 내 것이 되어 일상에서도 익숙해지게 됩니다. 학습과 사유를 통해 익힌 지혜가 나의 몸에 밴 '체득(體得)'의 상태가 되는 것이죠.

아는 것이 체득되어 온전히 내 것이 되고, 이에 익숙해지고 참맛을 알게 되는 수준에 이르면, 억지로 실행하는 것이 아니라 기꺼이 즐기게 됩니다. 이것이 중요한 점입니다. 프롤로그에서 말했듯이 수영을 처음 배울 때는 물이 두렵고 싫을 수 있지만, 기술이 몸에 익으면 물에서 유영하는 것을 즐기게 되는 것과 같은 이치이지요. 또한, 궁사가 오랜 시행착오를 거쳐 바람의 속도와 방향을 예측하여 다룰 수 있게 되면 모든 환경의 변수를 극복하고 과녁에 화살을 적중할 수 있는 것에도 비유할 수 있겠습니다.

　그래서 《논어》의 서두에서 공자는 '배우고 그것을 때때로 익히면 이 또한 즐겁지 아니한가(學而是習之 不亦說呼)'라 했던 것입니다. 배우는 일은 즐거운 일입니다. 하나를 익히면 까막눈이 열려 다른 하나의 세계가 새롭게 나타납니다. 새로운 언어를 습득하는 것도 마찬가지입니다. 새로운 세상, 새로운 우주가 열립니다. 배운 것을 그대로 두면 그저 남의 지식으로 남을 뿐이지만 적극적으로 익혀 내 것으로 만들면 그 또한 즐거운 일이 아닐 수 없을 것입니다.

　배우는 것 자체로도 즐겁지만, 그를 익혀 나의 것이 되면 이만큼 큰 즐거움이 없습니다. 오랜 시간을 들여 반복하는 연마의 시간을 거쳐야 나의 피와 살이 되어 결국 내 것이 됩니다. 그래서 체화나 체득이라는 단어가 이 과정을 적절히 표현하고 담아내고 있다고 생각합니다. 나와 지식이 일체가 되고, 동일화, 자기화(identification)하는 것을 의미합니다.

• 삶의 기술로서의 덕(德)

어떤 일을 반복하여 습관이 되고 몸에 배는 지속적 행위 성향(stable tendency)은, 바로 바르고 즐거운 삶을 누리는 기술로서의 '덕(德,

arete, virtue)'입니다. 이는 무의식적으로나 기계적으로 습득된 것이 아니라, 배우고 생각하며 익힌 '도덕과 행복의 기술'입니다. 덕으로 도덕적인 실패를 최소화할 수 있고, 도덕적인 행위를 의무적으로 억지로 수행하는 것을 뛰어넘어 기꺼이 즐길 수 있는 지름길로 이 끕니다.

구두를 만들기 위해서는, 그리고 훌륭하게 만들어내기 위해서는 구두 짓는 기술을 익혀야 하고, 피리를 불고 훌륭하게 연주하기 위해서는 피리 부는 기술을 익혀야 하지요. 성공적인 인생을 살기 위해서도 바르고 즐겁게 누리기 위한 삶의 기술, 도덕적 기술과 행복의 기술을 익혀야 합니다. 이 두 가지를 함께 아우르는 것이 바로 아레테(arete), 덕이라는 기술입니다.

이런 의미에서 공자는 "아는 것은 좋아하는 것만 못하고 좋아하는 것은 즐기는 것만 못하다(知之者 不如好之者 好之者 不如樂之者)." 고 하셨지요. 단지 아는 것보다 좋아하는 것이 낫지만, 좋아하는 것은 주체와 대상이 따로 떨어져 있는 상태입니다. 즐기는 것이야 말로 주객이 혼연일체가 된 경지에 이른 것을 의미합니다.

인간은 습관의 꾸러미라고 할 수 있습니다. 각자의 개성은 각각 이 지닌 독특한 습관의 조합이며, 스타일이지요. 그래서 유학에서도 인간은 "본성에 있어서 유사하지만, 습관에 의해 차별화된다." 라고 말합니다. '생각은 행동을 낳고, 행동은 습관을 낳고, 습관은 성격을 낳고, 성격은 운명을 낳는다'라는 글을 보아도 알 수 있듯,

모든 일의 연결고리는 '습관'이며, 습관이 성격과 운명을 좌우합니다.

불교의 수행에서도 습관은 중요한 의미를 가집니다. 불교 용어로 '습기(習氣)'라고 부릅니다. 돼지고기를 훈제할 때 독특한 불의 향이 고기 속에 새록새록 스며들어 제맛을 내듯이, 서서히 우리를 변화시킨다 하여 '훈습(薰習)'이라는 말을 쓰기도 합니다.

진리를 깨닫는다해도 해묵은 습관을 걷어내지 못한다면 바르게 살기 어렵습니다. 습관을 바꾸기 위해서는 시간을 들여 도(道)를 닦고 덕(德)을 쌓아야 합니다. 도를 닦는 것은 앞서 이야기한, 지정의(知情意) 세 가지 기능의 통합 프로젝트입니다. 도는 굳이 속세를 떠나 깊은 산에 들어가 도사가 되지 않더라도 일상에서 다양하게 발견하고 닦을 수 있습니다.

물론 절실한 기도, 마음을 비우는 명상, 피정과 참선 등은 도를 닦는 좋은 방법들입니다. 정신을 집중하여 고전을 읽거나 경전을 외는 독경 또한 훌륭한 방법이지요. 이 외에도 유도, 태권도, 검도, 궁도 등 운동을 통해서도 도를 연마할 수 있습니다. 운동은 육체적인 기술을 익히는 일(技)일 뿐만 아니라 마음을 일깨우는 일(道)이기도 합니다. 심신을 수련하는 것과 동시에 행하는 일인 까닭에 꾸준히 계속해서 운동하는 것만큼 좋은 방법이 없습니다. 어떤 이는 마라톤이 참선보다 나은 수행법이라고도 하니까요.

• 실행의 역량과 덕성 교육

인성교육 혹은 도덕 교육을 제대로 하기 위해서는 도덕적 사고교육(moral thinking education)과 더불어 도덕적 덕성 교육(moral virtue education)을 병행해야 합니다. 도덕적 사고 교육은 인지적 각성(cognitive enlightenment), 즉 무엇이 옳고, 그른지를 식별해내는 지적인 시각을 가지게 해줍니다. 실천적 지혜를 강조하는 것은 동서양을 막론하고 이들 교육의 출발점이자 전제가 됩니다. 서양 그리스의 4주덕(지혜, 용기, 절제, 정의)은 인간이 나아갈 방향을 밝혀주고, 삶의 목적과 비전을 보여주는 지혜로부터 시작합니다. 동양 역시 공자의 3주덕(知仁勇)이나 맹자의 4주덕(仁義禮智)은, 덕성 교육을 할 때 지혜로 시작해 지혜로 마무리하는 점에서 일치합니다.

그러나 도덕적인 사고는 어디까지나 현실과 동떨어진 추상적 생각이 아니라 현실을 반영한 개념이어야 하겠지요. 서양에서는 상황에 따른 도덕적 추론(moral reasoning)을 강조하기도 하고, 갈등 상황을 해결하는 능력을 높이기 위하여 딜레마적 모형(dilemma model)을 도입하기도 하고, 막연한 일반론보다는 구체적 사례 연구(case study)를 강조하기도 합니다. 출발점이 어디든지 닥친 상황에서 가야 할 길, 올바른 방향이 무엇인지 아는 것이 도덕을 바탕으로 하는 문제를 해결하는 최우선 방법임에는 변함이 없습니다.

그러나 도덕적인 사고를 교육하는 것은 도덕적인 문제를 해결하는 데에 필수적인 것이지만, 충분조건은 아니라는 사실이 중요합니다. 세월호의 비겁한 선장처럼 도덕적으로 올바른 것이 무엇인지 알고 있더라도 그를 실천하고 행하지 않으면 아무 소용이 없기 때문입니다. 아는 것을 실행하는 역량을 강화하기 위해서 도덕 교육에 덕성 교육을 병행하는 것을 강조하고 싶습니다.

덕성 교육의 핵심은 공자와 아리스토텔레스가 강조해마지 않았던 반복 훈련의 결과물인 습관입니다. 반복적인 행위를 통해서 나쁜 성품이 더 나빠질 수도 있고, 반대로 좋은 인성에도 길들여질 수 있습니다. 그래서 나쁜 일에 중독이 되거나, 건전한 일에도 익숙해지면서 그 진가를 알게 되는 등, 악업을 쌓을 수도 있고 선업을 쌓게 되기도 합니다. 우리가 사는 이 공간이 지옥으로 느껴지기도 하고, 천국으로 여겨지기도 하는 것이지요.

이처럼 반복 행위에 따라 인성이 형성되는 과정을 세밀하게 분석해보면, 두 가지로 나뉘어볼 수 있습니다. 그중 하나는 나약한 의지도 반복 훈련을 통해 근력이 생겨 '옳은 일'에 주저하지 않고 밀고 나갈 수 있는 '실행의 역량'이 길러진다는 것입니다. 다른 하나는 '가치 있는 일'에 대한 소중함을 알고, 진가를 맛보면서 그 일들을 마지못해서 하거나 주저하면서 억지로 하는 것이 아니라, 흔쾌히 즐겨 하게 되는 '행복의 기술'을 익히게 된다는 것입니다. 내 아이가 이 두 가지를 제대로 갖출 수 있다면, 부모로서 자녀의 인성 교육을 잘 이끈 것이라고 볼 수 있겠습니다.